轮胎使用常见病象案例分析

中国橡胶工业协会营销工作委员会 ◎ 组织编写

车永兴　徐文英　雷昌纯 ◎ 主编

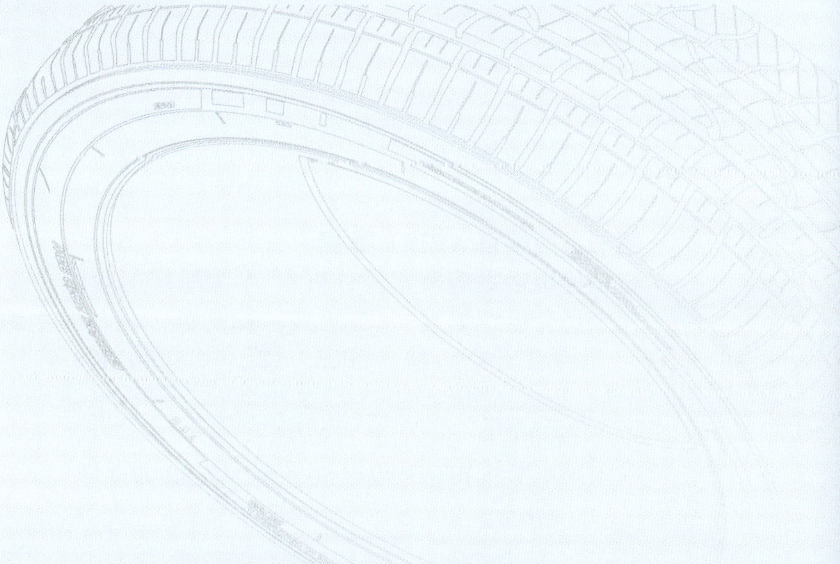

化学工业出版社

·北京·

内容简介

本书从轮胎理赔角度出发，首先介绍了轮胎的基础知识、制造工艺、相关法规，以及常用检测方法和使用保养等方面的内容；此后，重点围绕不同类型轮胎常见的质量问题或使用不当所致问题进行了详尽的案例解析，例如轿车子午线轮胎、载重汽车轮胎、工程机械轮胎、农业轮胎、工业车辆轮胎、轮胎配件等的常见病象、原因及鉴别方法。

本书可作为轮胎生产、经销、使用、理赔及监管等环节的机构或个人关于轮胎病象鉴别的参考依据，以促进轮胎行业的健康与良性发展。

图书在版编目（CIP）数据

轮胎使用常见病象案例分析 / 中国橡胶工业协会营销工作委员会组织编写 ; 车永兴，徐文英，雷昌纯主编. 北京 : 化学工业出版社，2025. 12. -- ISBN 978-7-122-49280-7

Ⅰ. TQ336.1

中国国家版本馆CIP数据核字第20259BP864号

责任编辑：张　赛　李军亮　　　装帧设计：王晓宇
责任校对：王鹏飞

出版发行：化学工业出版社
（北京市东城区青年湖南街13号　邮政编码100011）
印　　装：河北尚唐印刷包装有限公司
710mm×1000mm　1/16　印张14½　字数272千字
2026年1月北京第1版第1次印刷

购书咨询：010-64518888　　　售后服务：010-64518899
网　　址：http://www.cip.com.cn
凡购买本书，如有缺损质量问题，本社销售中心负责调换。

定　　价：168.00元　

本书编辑委员会

主　任：**徐文英**　中国橡胶工业协会　会长

副主任：**雷昌纯**　中国橡胶工业协会　副会长兼秘书长

车永兴　中国橡胶工业协会营销工作委员会　秘书长

委　员（以姓氏笔画排序）

于忠政　山东玲珑轮胎股份有限公司　客户服务部高级经理

王　海　贵州轮胎股份有限公司　总工程师

王传铸　青岛泰凯英专用轮胎股份有限公司　总经理

牛　飞　通力轮胎有限公司　总经理

方　成　佳通轮胎股份有限公司　销售总经理

延　凯　赛轮集团股份有限公司　首席质量官

李卫国　合肥万力轮胎有限公司　总工程师

张　浩　中策橡胶集团股份有限公司　质量管理中心经理

张宏伟　徐州徐轮橡胶股份有限公司　销售部长

孟海狮　徐州徐轮橡胶股份有限公司　技术部主任 / 高级工程师

姜锡洲　浦林成山（山东）轮胎有限公司　执行总裁

高延旺　赛轮集团股份有限公司　交付和服务质量管理部部长

曹广宇　三角轮胎股份有限公司　服务总监

编写人员名单

（以姓氏笔画排序）

王　伟　王卫东　王印宣　王雪岗　王福海　车永兴
尹　磊　史振雷　付兴铎　刘　刚　刘　超　刘轶涵
孙宝余　李　淼　李养凯　李振屹　吴隆峰　闵凡龙
宋荣旭　张宏伟　张燕龙　陈德强　罗　刚　罗小庆
郑清文　孟　亭　赵　阳　赵　君　胡刘新　姜继军
索　平　徐　傲　徐文英　高　淼　曹　凯　温日杰
强晓宁　雷昌纯　熊　俊　熊　辉

PREFACE

前言

截至2024年底，我国的机动车保有量已经达到了4.53亿辆，其中汽车保有量达到了3.53亿辆。与之相应的，2024年我国轮胎的产量高达8.47亿条。在国家“十五五”规划对汽车产业的政策指引下，国内汽车产业不断迭代升级，这对轮胎理赔服务工作也提出了更高要求。

轮胎作为车辆唯一与地面接触的核心部件，兼具“高频损耗”与“安全攸关”双重属性，不仅承载整车重量，更深刻影响行驶安全、操控性能与驾乘舒适性。它既是支撑车身的载体，更是连接车辆与道路的安全纽带，其性能与状态直接决定了汽车能否安全、高效和舒适地运行。

轮胎作为易损部件，其病象的出现常可归因为质量问题及使用不当所致，这使得轮胎理赔工作存在一定的技术门槛。具体而言，相关人员及普通消费者在经验层面上普遍存在“盲区”，对轮胎“鼓包、偏磨和开裂”等常见故障是否属于轮胎理赔范畴难以准确判定，使消费者往往陷入“申诉无据”或“被动接受理赔结果”的困境。与此同时，当前轮胎理赔行业仍面临规则不一、术语混乱、责任边界模糊和鉴定结论公信力不足等问题。这些问题正是相关从业者应该着重关注的，以助力行业的规范化、健康化发展。

为了推动行业建立“关于病象的统一鉴定标准”，形成监管部门、轮胎生产企业、轮胎经销商和广大消费者皆能认可的“鉴定依据”，中国橡胶工业协会营销工作委员会联合相关单位，组织编写本书。

在内容架构方面，本书首先系统介绍轮胎基础知识、制造工艺、相关法规及常用检测与保养方法，进而以图文并茂的形式，重点呈现轿车子午线轮胎、载重汽车轮胎、工程机械轮胎、农业轮胎、工业车辆轮胎及其配件的典型病象案例，深入剖析问题成因，并尽可能区分“质量问题”与“使用不当所致问题”，力求清晰界定责任归属，为各方提供科学、公正的鉴别参考。

本书旨在帮助监管部门依据典型“病象案例”快速甄别是否存在“违规拒赔”等行为，也为广大消费者提供清晰、实用的参考手册，使其在维权过程中能够有理有据地维护自身合法权益，进而有效弥合“专业鸿沟”，提升争议解决效率。

《轮胎使用常见病象案例分析》的编撰，本质上是将“模糊经验”转化为“清晰规则”，将“事后纠纷处理”前置为“事前风险防控”。对消费者而言，它是“放心消费的保障”；对生产企业而言，它是“规范鉴定的工具”；对行业整体而言，它是“健康发展的基石”。在轮胎安全日益受到重视、消费者维权意识不断提升的今天，编撰一本兼具公平性、实用性与合规性的轮胎理赔手册，已非“可选项”，而是推动汽车后市场规范发展的“必答题”。

本书资料繁杂、成稿时间紧迫，疏漏之处在所难免，恳请广大读者不吝指正，惠赐宝贵意见。

中国橡胶工业协会

CONTENTS

目录

第 5 章 轮胎的使用与保养

第 6 章 轿车子午线轮胎病象案例分析

第 7 章 载重汽车轮胎的病象案例分析

第 8 章 工程机械子午线轮胎病象案例分析

第 9 章 工程机械斜交轮胎病象案例分析

第 10 章 农业轮胎病象案例分析

第 11 章 工业车辆轮胎病象案例分析

第 12 章 轮胎配件问题案例分析

第 1 章

轮胎基础知识

轮胎是汽车的重要组成部分之一，其主要功能在于承受车辆负荷；与汽车悬架系统协同作用，以缓冲来自路面的冲击，保证良好的行驶平顺性与乘坐舒适性；提供良好的附着力，保障车辆的操纵稳定性、方向可控性以及制动可靠性等关键动态性能。

1.1 轮胎的分类

充气轮胎依据不同的分类标准可有多种分类方法，其中常用分类方式主要是围绕骨架材料、结构设计及使用用途三个维度展开。

（1）按轮胎的骨架材料分类

随着轮胎工业的发展及使用场景的多样性，轮胎的骨架材料发生了较大的变化。常用的骨架材料包括：尼龙帘线、聚酯帘线、钢丝帘线、芳纶帘线等。

（2）按轮胎的结构设计分类

按有无内胎分类可分为：有内胎轮胎、无内胎轮胎。

按帘线排列方向分类大致可分为：斜交轮胎、子午线轮胎。

① 斜交轮胎：胎体帘布层和缓冲层各相邻层帘线交叉排列，且与胎面中心线呈小于 90° 角排列的充气轮胎。其结构有以下几个主要特点：胎体帘布层帘线按一定角度互相交叉排列；胎冠角（β_k）一般在 48° ～ 54° 范围内；胎体层数多为偶数，外层帘布层密度较小；缓冲层帘布密度最小，且角度大于或者等于胎体层的胎冠角，结构视轮胎规格而定。

斜交轮胎具有以下优缺点：

优点：胎体刚性大、负荷下变形小、胎侧不易损伤、转向与制动性能良好等。

缺点：原材料损耗大、磨损大、抓着性能差、滚动阻力大、行驶温度高等。

② 子午线轮胎：胎体帘布层帘线与轮胎圆周切线方向呈 90° 角或接近 90° 角排列，并以带束层箍紧胎体的充气轮胎。其结构大致有以下几个特点：胎体帘线排列像地球的子午线的形式，胎冠角在 α_k=90°（β_k=0° ～ 15°）范围内。而带束层帘线接近于周向排列，胎冠角为 α_k=15° ～ 24°（β_k=66° ～ 75°），它像刚性环带一样，紧紧箍在呈子午线排列的胎体上；胎体帘线平行排列；胎体帘布层数偶数、奇数均可；带束层帘线交叉排列，接近圆周方向，帘布密度由内向外逐渐变稀。

子午线轮胎具有以下优点：

接地性能好：子午线轮胎的帘线排列方向与轮胎子午断面一致，使得轮胎接地面积大，接地压力均匀。这有助于提高轮胎与地面的附着力，在湿滑路面上能更好地排水，减少打滑风险，提高行车安全性。

滚动阻力小：其帘布层呈辐射状排列，结构紧凑，在行驶过程中轮胎的变形较小，滚动时所需要克服的阻力也就相对较小。这不仅可以降低车辆的燃油消耗，还能减少轮胎的磨损，延长轮胎使用寿命。

承载能力大：子午线轮胎的带束层采用了高强度的材料，并且帘线角度合理，能够有效地传递轮胎所承受的负荷，使轮胎具有较大的承载能力。

缓冲性能好：子午线轮胎的胎体较柔软，带束层又能起到很好的缓冲作用，因此在行驶过程中能够有效地吸收路面的冲击和震动，为驾乘人员提供更舒适的驾乘体验。

散热性能佳：子午线轮胎的结构有利于空气在轮胎内部的流通，使得轮胎在高速行驶时产生的热量能够及时散发出去，降低轮胎的温度，减少因过热导致的爆胎等安全隐患，提高了轮胎的高速性能和安全性。

（3）按轮胎的使用用途分类

按照使用用途，轮胎大致可分为：轿车轮胎、载重汽车轮胎、工程机械轮胎、农业轮胎、航空轮胎等。

1.2 轮胎的命名及标识说明

轮胎的标识通常指轮胎上的各种符号。主要包括轮胎的规格、层级、轮辋规格、速度等级等。

（1）传统命名法

通常用一组数字表示，前面的数字表示“轮胎的名义断面宽度”，中间为字母或符号，后面的数字表示轮胎的轮辋直径（单位为英寸[1]）。例如：

9.00-20 表示名义断面宽度为 9in、轮辋直径为 20in 的斜交轮胎。

9.00R20 表示名义断面宽度为 9in、轮辋直径为 20in 的子午线轮胎。

充气轮胎的尺寸描述目前一般使用英制单位，但欧洲国家则常用公制单位。其中：

高压胎以 $D \times B$ 表示，其单位为英寸。D 表示轮胎的直径，B 表示轮胎的断面宽度。例如 35 × 7，35 表示轮胎的外径为 35in，断面宽度为 7in。

低压胎以 $B \times d$ 表示，其单位为毫米。例如 210 × 420，表示轮胎的断面宽度为 210mm，轮胎的直径为 420mm。

（2）ISO 国际标准法命名

一般以名义断面宽度（mm）、扁平比（%）、结构特点、名义轮辋直径、负荷指数、速度级别等参数来表示。

例如，235/45R18 94M 的轮胎，其规格为：

- 235 表示轮胎的名义断面宽度为 235mm；
- 45 表示轮胎的扁平比的百分数，即轮胎横断面高度（从轮圈至胎面的垂直距离）与横断面最大宽度的比值为 45%；
- R 表示子午线轮胎；
- 18 表示轮胎的名义轮辋直径为 18in；
- 94 表示负荷指数（参见表 1-1）；
- M 表示速度级别（参见表 1-2）。

表 1-1　轮胎负荷指数及负荷能力对应表

负荷指数	负荷能力 /kg	负荷指数	负荷能力 /kg	负荷指数	负荷能力 /kg	负荷指数	负荷能力 /kg	负荷指数	负荷能力 /kg	负荷指数	负荷能力 /kg
0	45	8	56	16	71	24	90	32	112	40	140
1	46.2	9	58	17	73	25	92.5	33	115	41	145
2	47.5	10	60	18	75	26	95	34	118	42	150
3	48.7	11	61.5	19	77.5	27	97.5	35	121	43	155
4	50	12	63	20	80	28	100	36	125	44	160
5	51.5	13	65	21	82.5	29	103	37	128	45	165
6	53	14	67	22	85	30	106	38	132	46	170
7	54.5	15	69	23	87.5	31	109	39	136	47	175

[1] 1in = 2.54cm。

续表

负荷指数	负荷能力 /kg	负荷指数	负荷能力 /kg	负荷指数	负荷能力 /kg	负荷指数	负荷能力 /kg	负荷指数	负荷能力 /kg	负荷指数	负荷能力 /kg
48	180	74	375	100	800	126	1700	152	3550	178	7500
49	185	75	387	101	825	127	1750	153	3650	179	7750
50	190	76	400	102	850	128	1800	154	3750	180	8000
51	195	77	412	103	875	129	1850	155	3875	181	8250
52	200	78	425	104	900	130	1900	156	4000	182	8500
53	206	79	437	105	925	131	1950	157	4125	183	8750
54	212	80	450	106	950	132	2000	158	4250	184	9000
55	218	81	462	107	975	133	2060	159	4375	185	9250
56	224	82	475	108	1000	134	2120	160	4500	186	9500
57	230	83	487	109	1030	135	2180	161	4625	187	9750
58	236	84	500	110	1060	136	2240	162	4750	188	10000
59	243	85	515	111	1090	137	2300	163	4875	189	10300
60	250	86	530	112	1120	138	2360	164	5000	190	10600
61	257	87	545	113	1150	139	2430	165	5150	191	10900
62	265	88	560	114	1180	140	2500	166	5300	192	11200
63	272	89	580	115	1215	141	2575	167	5450	193	11500
64	280	90	600	116	1250	142	2650	168	5600	194	11800
65	290	91	615	117	1285	143	2725	169	5800	195	12150
66	300	92	630	118	1320	144	2800	170	6000	196	12500
67	307	93	650	119	1360	145	2900	171	6150	197	12850
68	315	94	670	120	1400	146	3000	172	6300	198	13200
69	325	95	690	121	1450	147	3075	173	6500	199	13600
70	335	96	710	122	1500	148	3150	174	6700	200	14000
71	345	97	730	123	1550	149	3250	175	6900	201	14500
72	355	98	750	124	1600	150	3350	176	7100	202	15000
73	365	99	775	125	1650	151	3450	177	7300	…	…

表 1-2　轮胎速度标识

速度标识	最大速度 /（km/h）	速度标识	最大速度 /（km/h）
A1	5	A5	25
A2	10	A6	30
A3	15	A7	35
A4	20	A8	40

续表

速度标识	最大速度 / (km/h)	速度标识	最大速度 / (km/h)
B	50	P	150
C	60	O	160
D	65	R	170
E	70	S	180
F	80	T	190
G	90	U	200
J	100	H	210
K	110	V	240
L	120	W	270
M	130	Y	300
N	140		

1.3 轮胎常见结构与功能

轮胎一般可分为胎冠、胎肩、胎侧、胎圈、胎里五部分。胎冠部分有胎面、缓冲层或带束层、帘布层等；胎肩部分有胎肩、胎肩垫胶；胎侧部分有胎侧胶、帘布层等；胎圈部分有钢丝圈、钢丝圈填充胶、帘布层和胎圈钢丝加强层等；胎里一般都有内衬层（过渡层）、气密层。

图 1-1 和图 1-2 为斜交轮胎和子午线轮胎各部件示意图。

胎面：轮胎与地面接触的部分。主要作用是传递驱动力和制动力（通过轮胎与路面的附着），取决于轮胎纵向刚度、接地面积、胎冠胶特性、花纹设计等，理想厚度的胎面底胶不仅能过滤低频噪声，而且还可保护钢丝带束免受侵袭，从而为用户提供宁静、舒适的驾乘体验，以及延长轮胎的使用寿命。

带束层：轮胎胎面或冠带层下，沿胎冠中心线圆周方向箍紧胎体的材料层。主要作用是保护胎面钢丝，防止由于胎面扎钉或割伤致使水汽从伤口进入并接触胎面钢丝，从而导致钢丝氧化生锈，以致胎面变形，影响轮胎的安全性能。设计合理宽度的钢丝带束层，可以增加胎面接地的稳定性，减少胎面变形，更好地提供转向、倾角、纵向直行的刚性，保护轮胎免受扎伤。

帘布层：覆胶的平行帘线层。主要作用是强化轮胎，把空气压缩在里面，在很大程度上决定了轮胎的强度以及尺寸稳定性；有效地把引擎的扭力从胎圈传递

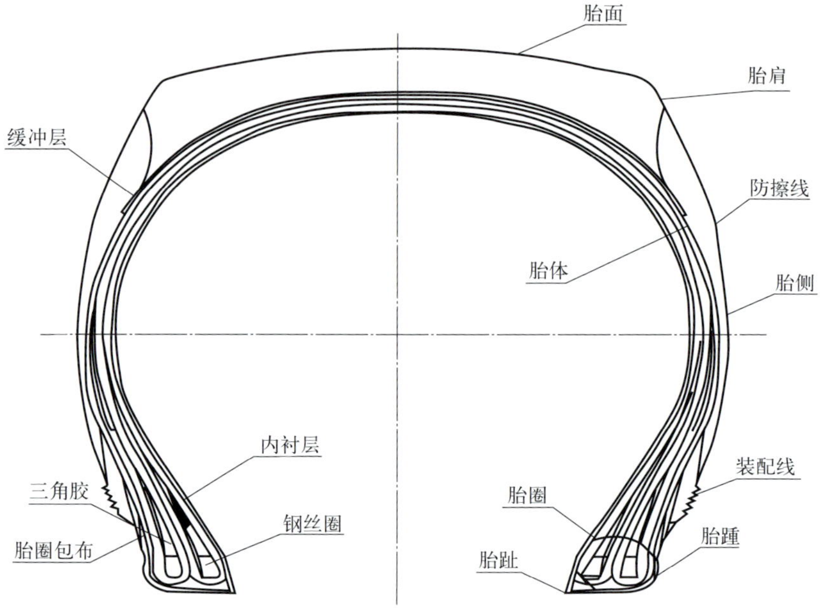

图 1-1　斜交轮胎各部件示意图（GB/T 6326）

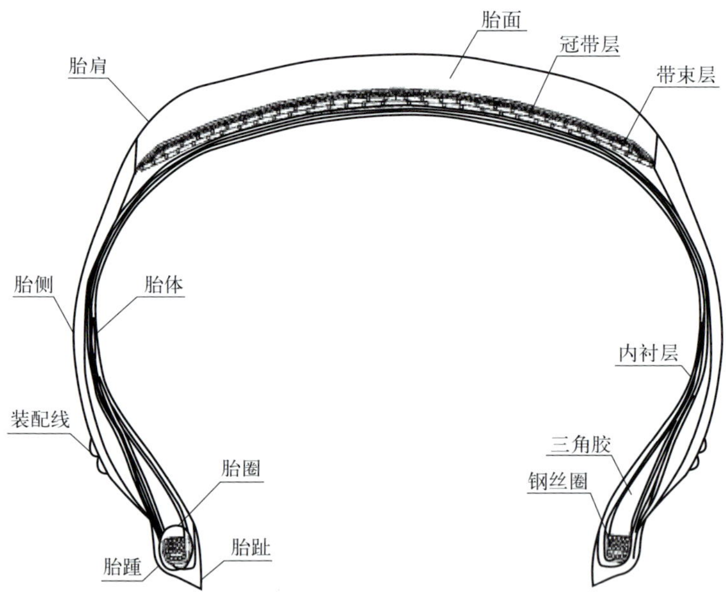

图 1-2　子午线轮胎各部件示意图（GB/T 6326）

到接地面；使胎圈部位压在轮辋凸缘上，在轮胎和轮辋凸缘之间产生强大的接触压力。

胎肩：胎冠两侧的边缘部分。主要作用是散热、承受超负荷压力、提高抓着力。

胎肩垫胶：胎肩的三角形胶垫组合有效地抵抗由于离心力产生的胎面变形，

确保接地面的刚性，使轮胎在高速工况下更安全、寿命更长。

胎侧胶：轮胎安装在轮辋上，从侧面看不包括胎冠的部分。胎侧部分由胎侧胶、帘布层组成，主要作用是支撑胎面，缓冲由路面传来的振动和冲击，承受车辆负荷来保持轮胎的形状和稳定性，也可保护内胎免受外部损坏。轮胎径向变形的大小取决于轮胎的规格和结构、制造轮胎所用的材料、内压和负荷下的轮胎周向力和侧向力的大小，以及路面硬度。

钢丝圈：由镀铜钢丝绕成的刚性环，是将轮胎固定到轮辋上的主要部件。钢丝圈截面一般为圆形或六边形。

钢丝圈填充胶：固定钢丝，避免钢丝在使用过程中松散。

胎圈：轮胎与轮辋的配合部分。赋予轮胎钢丝圈必要的强度和刚性，使得轮胎牢牢固定在轮辋上。

内衬层：外胎的内腔表面。有内胎轮胎的内衬层主要作用是保护内胎不受损伤，避免胎体帘布磨损内胎或夹内胎。无内胎轮胎的内衬层相当于替代了有内胎轮胎的内胎和内衬层，主要作用是防止气体流失、提高轮胎刚性和尺寸稳定性。

气密层；防止胎内气体泄漏，保持轮胎的气密性，维持正常的胎压。

其他部件的作用：

胎趾：胎圈内侧的尖端部分。主要作用是防止磨损内胎和防止泥沙进入胎内，避免轮胎趾口与轮辋的相对滑移，以及封住压缩气体，保持轮胎的充气压力。

胎踵：胎圈外侧与轮辋胎圈座圆角着合的部位。它是胎体的基础部分之一，与胎趾一起构成外胎与轮辋的固定点，有效防止轮胎与轮辋之间的摩擦，确保轮胎的使用寿命。对于保护轮胎钢丝圈的包胶紧固作用至关重要。

胎圈钢丝加强层：增加钢丝圈刚度，加强轮胎与轮辋之间的连接强度，防止重载时钢丝圈位移损伤趾口，保证车辆行驶的安全性和稳定性。

三角胶：从钢丝圈上部向胎侧部位过渡的断面为三角形的胶条。是胎圈部位的主要填充物，起到支撑胎壁的作用，与胎侧弹性结构起到缓慢过渡，防止胎圈与胎侧软硬直接连接而发生折断。

装配线：模压在胎侧与胎圈交接处的单环或多环胶棱，用以指示轮胎正确装配在轮辋上的标线。

防擦线：模压在胎侧上，用以保护胎侧、防止擦伤的环形凸起胶棱。

第2章 轮胎制造工艺简介

组成轮胎的部件较多，且各部件的功能不同，因此制造工艺比较复杂，生产工序较多。其主要流程包括：炼胶工序、半成品部件准备工序、成型工序、硫化工序、成品检验工序。

2.1 炼胶工序

炼胶指将生胶与各种配合剂按照配方表要求，通过专用炼胶机均匀地混合成一体的加工过程。

轮胎炼胶生产工序主要包括以下步骤。

① 原材料加工：包括天然橡胶的烘胶过程，以及将小料按工艺规程要求的重量配重。在混炼前，需要将天然橡胶、合成橡胶烘到工艺要求的温度，以利于保护设备和保证炼胶质量。

② 配料工艺：炼胶车间要根据胶料生产配方中规定的质量标准和生产计划的要求，将各种小料和大料进行配制，配制的公差须遵守工艺规程。

③ 混炼胶生产：使用密炼机进行混炼，保证胶料生产质量的均一性。

④ 工艺的控制：各道工序都须遵守严格的工艺规程，例如对炼胶的温度、加料顺序、薄通次数、捣胶次数和停放时间等都作了明确的规定，生产时必须严格执行，以保证胶料的质量。

⑤ 终炼胶快检：主要包括流变性质、硬度、密度、可塑度、门尼黏度和炭黑分散度的检验。在条件具备的情况下，还要对钢丝粘合胶进行粘合力的检验。

⑥ 胶料的储备：为了保证下道工序的使用质量，一般要求混炼胶要进行停放，停放时间为最短8h，最长不超过30天，钢丝粘合胶停放不超过15天。使用时要做到先入先用，后入后用。

2.2 半成品部件准备工序

半成品部件准备主要包括胎面胶、胎侧胶等轮胎主要半成品部件的制备，主要有以下工序。

2.2.1 压出工序

工序简介：在一定条件下将具有一定塑性的胶料通过一个口型（口模）连续压送出来，使它成为具有一定断面形状的产品，按工艺要求裁断后供下一道工序使用。

压出生产工序主要包括以下步骤：

① 混炼胶准备：在压出生产开始之前，首先需要对胶料进行混炼，以确保胶料的物理和化学性质符合生产要求。混炼过程中需要严格遵循混炼工艺，以确保胶料的均匀性和一致性。

② 半成品压出：压出是橡胶加工的基本工艺之一，通过压出机（挤出机）对混炼胶进行加热与塑化。在这个过程中，胶料在螺杆和机筒筒壁之间受到强大的挤压作用，不断向前推进，并通过口型压出具有一定断面形状的橡胶半成品。

③ 冷却、裁断及接取工序：压出后的胶料需要经过冷却、裁断和接取等工序，以完成半成品的制作。这些工序通常组成联动化作业，确保生产效率和产品质量。

2.2.2 压延工序

压延生产工序主要包括以下步骤：

① 混炼胶片准备：通过开炼机将混炼胶片进行粗炼和细炼，或由销钉式冷喂料挤出机给压延机供料。

② 压延过程：通过压延机辊筒将胶料碾压成具有一定厚度和角度的胶片。压延过程不仅涉及胶料的造型变化，还将影响胶料的流动性质及黏弹性质。

③ 压延成型工艺：压延成型包括压片、压型、贴合和挂胶等工艺。狭义上的压延成型工艺主要指纺织物挂胶工艺。制得的胶片和胶布既可以直接进行硫化制得橡胶制品，也可以用来制造复杂橡胶制品的半成品，如轮胎的帘布层、缓冲层等。

2.2.3 裁断工序

将压延的钢丝帘布在专用的设备上裁成一定宽度和角度的钢丝帘布，对接接头，贴胶片和包边，进行卷取后供成型工序使用。

2.3 成型工序

成型工序是将符合设计尺寸标准的胎侧、内衬层、钢丝子口包布、垫胶、胎圈、带束层和胎面等按照施工表要求组合待硫化的胎坯。

胎坯成型工序是轮胎制造过程中的一个关键环节，它涉及多个部件的精确组装和质量控制，对于确保轮胎的性能和安全性至关重要。因此，在成型工序中需要注意以下事项。

(1) 接头处理和定长精度

在轮胎成型过程中，各部件的接头必须错开一定角度，并且定长必须准确（部件过短，贴合后拉伸变窄，会导致子口宽窄不一，影响轮胎的侧向力；而部件过长，则会导致接头过大，影响轮胎的径向力、动平衡）。所有的半成品部件（胎面、胎侧、帘布、胎圈等）都需要精确地定位和粘合。如果在操作过程中出现制品贴合偏歪、制品之间存有气泡、胎圈上偏、三线偏歪或打褶露白、钢丝圈露铜、制品污染等问题，都可能导致外胎在硫化后或使用过程中出现肩空、肩裂、脱层、钢丝上抽等问题。因此，成型工序需要高度精确（贴正、压实、无拉伸）和细致的操作，以确保轮胎的质量和安全性。

(2) 胎体稀线的控制

胎体帘布局部排列密度的不均时，可能导致胎侧起鼓甚至侧爆现象。其原因可能有：压延工艺帘布稀线、缺线；胎体接头器压力、间隙不合适；胎体上的胶片拉伸或打折；内衬层接头过大或胎侧接头裂开；胎体帘布定长偏短，导致贴合时帘布拉伸；胎体帘布供料架的后抱闸设定不合理，使胎体拉伸；胎体供料时其离合器的设定有问题；胎体贴合时主鼓转速与供料速度不匹配；胎坯在摆放或运输过程中处置不当，造成胎坯变形；胎体接头拍气泡方式不准确；胎体接头有泡。

(3) 其他

在成型过程中，应注意胎面的均匀上胶，避免过度拉伸导致胎面幅向偏离。

胎圈部位胶芯的位置要正确，以确保上胎圈时位置不偏移。大规格轮胎的胎圈部位设计得更坚硬，以防止上到轮辋后滑动。

2.4 硫化工序

硫化工序是把轮胎胎坯装入模具内，施加一定时间的高温、高压的过程，将产出真正意义上的轮胎。

① 质量控制：在硫化前要认真检查胎坯质量，如发现有接头开裂、缺胶、气泡、杂质等质量问题，要及时处理。须确保只有质量合格的胎坯才能进入硫化工序。

② 设备使用：硫化过程中主要使用的设备是硫化机，它对于保证轮胎的质量和性能至关重要。硫化机的性能和操作方法直接影响到轮胎的成品率和使用寿命。

③ 准备阶段：在开始硫化之前，胎坯应置于恒温室内加温，以确保胎坯在硫化前达到适宜温度。胎坯可以在成型区内存放，但最好在硫化前 10min 运到硫化机旁，以防止胎坯变形。

④ 一次和二次定型：使用机械手将胎坯装入硫化模具中。通过模具进行一次和二次定型，确保轮胎的形状和尺寸符合要求。

⑤ 硫化：将模具合上，并使用蒸汽或过热水进行硫化，通过控制一定的时间、温度、压力加速橡胶的分子交联反应。硫化完成后，将轮胎从模具中取出。

目前，有新工艺采用高温介质硫化，如在胶囊内通入比一般常规硫化温度高 15% ～ 25% 的 180 ～ 220℃的高温介质，加速交联反应。这种工艺由于大量减少了蒸汽或过热水的循环时间，可节约能源，提高生产率；由于正硫化阶段开始后再没有热量补充，可有效防止过硫化阶段轮胎发生焦烧现象，提高轮胎质量。

2.5 成品检验工序

成品检验主要涉及轮胎从硫化模具中出缸后，所进行的外观检验、胎体 X 光透视、均匀性动平衡等一系列检查。合格轮胎便可入库待销售发货。

（1）生产线终端检测

这是轮胎成品检测的第一步，涉及多项检测，包括外观检测、均匀性检测、动平衡检测、X 光检测等。某些厂家还会进行内部气泡的专项检测，以确保轮胎质量符合标准，只有通过这些严格检测的轮胎才能被判定为合格品。

（2）轮胎性能抽样检测

此环节旨在验证同批次轮胎的性能。厂家会对批量下线的轮胎进行滚动阻力、断面尺寸分析、轮胎强度（压穿测试）、脱圈强度、高速性能与耐久性等项目的抽检，以验证同批次产品的性能是否符合要求。

（3）轮胎性能路试及产品一致性认证

轮胎作为配套部件流通至汽车厂商后，整车厂会对轮胎进行一系列的客观及主观评价。客观评价涵盖干湿地制动、湿地排水性能、噪声、滚动阻力等；主观评价则包括操控性与舒适性等相关评价。对于全季轮胎，还需进行冰面与雪地路面的冬季测试，以确保轮胎在各种气候条件下的性能表现符合相关标准。

这些工序共同构成了轮胎成品检测的完整流程，通过对安全性能、行驶性能、耐用性能等核心维度的全面验证，确保每一条轮胎均符合行业标准与质量要求，最终为消费者提供安全可靠、性能稳定的高品质产品。

第3章 强制性产品认证制度

强制性产品认证制度是各国政府为保障消费者安全、维护公共利益、规范市场秩序而实施的一种产品准入管理制度，其核心是通过法定强制手段，要求特定范围内的产品必须经过指定机构的认证，符合相关标准后才能生产、销售、进口或使用。

对于国内的轮胎产品而言，中国强制性产品认证（China Compulsory Certification，CCC）涵盖了轮胎的安全性能、质量稳定性等核心指标，是轮胎进入中国市场销售的必备条件，也是消费者判断产品安全性的重要依据。

3.1 机动车辆轮胎的有关法律和法规

机动车辆轮胎是第一批列入强制性产品认证的产品目录，具体的轮胎范围包括：

轿车轮胎（轿车子午线轮胎、轿车斜交轮胎）；

载重汽车轮胎（微型载重汽车轮胎、轻型载重汽车轮胎、中型/重型载重汽车轮胎）；

摩托车轮胎（代号表示系列、公制系列、轻便型系列、小轮径系列）。

当前，这三类机动车辆轮胎的认证产品依据标准分别为：《轿车轮胎》（GB 9743—2024）、《载重汽车轮胎》（GB 9744—2024）、《摩托车轮胎》（GB 518—2020）。

《强制性产品认证实施规则 机动车辆轮胎》（CNCA-C12-01：2024）由国家认证认可监督管理委员会（认监委）发布。在认监委发布实施规则后，认证机构根据实施规则制定实施细则。

机动车辆轮胎CCC认证适用于新的机动车辆充气轮胎，包括轿车轮胎、载重汽车轮胎、摩托车轮胎，其原始设计的目的是为了监管M、N、O和L类的机动车辆上使用的机动车辆轮胎，不适用于翻新轮胎及专为竞赛设计的轮胎。基本认证模式为：型式试验 + 初始审查 + 获证后监督，初始审查包含技术资料评审、企业质量保证能力和产品一致性检查。

在相同生产者（制造商）、生产企业（场所）、产品类别、产品结构的基础下，参考《轿车轮胎规格、尺寸、气压与负荷》（GB/T 2978）、《载重汽车轮胎规格、尺寸、气压与负荷》（GB/T 2977）和《摩托车轮胎系列》（GB/T 2983）的规定确定认证单元。认证依据标准为《轿车轮胎》（GB 9743）、《载重汽车轮胎》（GB 9744）、《摩托车轮胎》（GB 518）。根据认证依据标准的要求，型式试验项目及检测方法如表 3-1 所示。

表 3-1　型式试验项目及检测方法

序号	产品名称	认证依据标准	标准条款及检测项目	检测方法标准
1	轿车轮胎	GB 9743	4.2 新胎外缘尺寸	GB/T 521
			4.5.1 轮胎强度性能	GB/T 4502
			4.5.2 无内胎轮胎脱圈阻力	
			4.5.3 轮胎耐久性能	
			4.5.4 轮胎低气压性能	
			4.5.5 轮胎高速性能	
			4.6 轮胎滚动阻力性能	GB/T 29040
			4.7 轮胎湿路面相对抓着性能	GB/T 21910
			4.8 胎面磨耗标志和标记	GB/T 521
			7 标志	GB 9743 第 7 章
2	载重汽车轮胎	GB 9744	4.2 新胎外缘尺寸	GB/T 521
			4.5.1 轮胎强度性能	GB/T 4501
			4.5.2 耐久性能试验	
			4.5.3 轮胎高速性能	
			4.6 轮胎滚动阻力性能	GB/T 29040
			4.7 轮胎湿路面相对抓着性能	GB/T 35163
			4.8 胎面磨耗标志和标记	GB/T 521
			7 标志	GB 9744 第 7 章
3	摩托车轮胎	GB 518	4.2 新胎外缘尺寸	GB/T 521
			4.5.1 强度性能	GB/T 13203
			4.5.2 耐久性能	
			4.5.3 高速性能	
			4.6 胎面磨耗标志	GB/T 521
			6 标志	GB 518 第 6 章

其中，轮胎滚动阻力性能和轮胎湿路面相对抓着性能为 GB 9743—2024 和 GB 9744—2024 中新增的测试项目。与其他测试项目根据规格型号进行测试不同，轮胎滚动阻力性能和轮胎湿路面相对抓着性能根据花纹和花纹组（花纹组：

主要设计特征相近的一组花纹）进行测试。

根据实施规则的要求，轮胎产品强制性认证的流程如图 3-1 所示。签发的认证证书列明有效期，有效期限 5 年。认证证书的有效性通过跟踪检查维持，认证机构会定期对获证企业进行跟踪检查。如未能通过跟踪检查，认证机构应当根据相应情形作出注销 / 暂停 / 撤销认证证书的处理，并予公布。

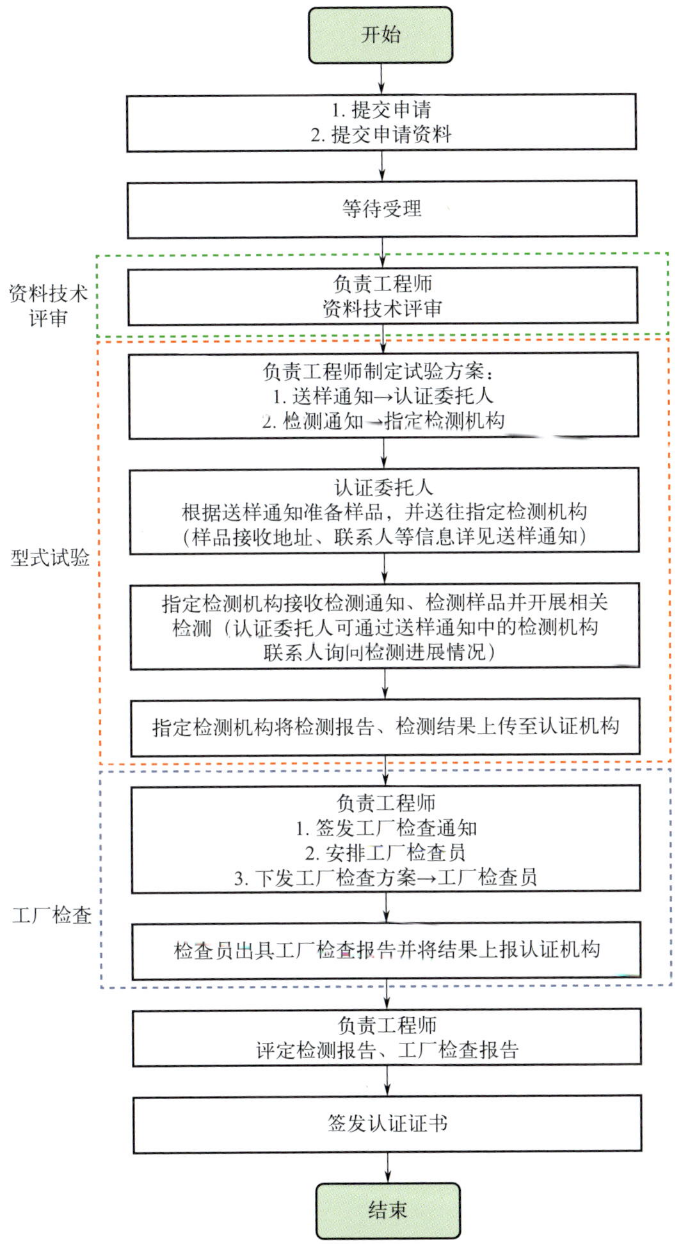

图 3-1　轮胎产品强制性认证流程图

3.2 轮胎经销理赔的有关法律和法规

•《强制性产品认证管理规定》：国家质量监督检验检疫总局2009年5月26日审议通过新修订后的《强制性产品认证管理规定》，自2009年9月1日起施行。2022年9月29日经国家市场监督管理总局修订。

•《强制性产品认证实施规则 机动车辆轮胎》：各个有资质的认证机构根据实施规则的要求，制定各自的实施细则，细则中详细规定了认证流程及时限、认证模式的选择、生产企业分类管理、认证委托资料、样品检测等相关要求。

•《强制性产品认证实施细则 机动车辆轮胎》（CQC-C1201-2024）：由中国质量认证中心于2025年6月进行了修订。

•《家用汽车产品修理更换退货责任规定》：由国家市场监督管理总局发布，自2022年1月1日起执行。其中关于轮胎的部分是作为易损耗零部件表述的，相关内容如下：

家用汽车产品在包修期内出现质量问题或者易损耗零部件在其质量保证期内出现质量问题的，消费者可以凭三包凭证选择修理者免费修理（包括免除工时费和材料费）。

修理者能够通过查询相关信息系统等方式核实购买信息的，应当免除消费者提供三包凭证的义务。

•《缺陷汽车产品召回管理条例》：2012年10月发布，2019年3月修订。其中有关轮胎的表述内容如下：

汽车产品出厂时未随车装备的轮胎存在缺陷的，由轮胎的生产者负责召回。具体办法由国务院产品质量监督部门参照本条例制定。

•《轮胎理赔技术规范》：规定了轮胎理赔的原则，理赔各方责任、权益、义务及质量责任认定，理赔条件与方式、期限及程序等。

•《轮胎理赔鉴定人员专业技术要求》：规定了理赔鉴定人员的术语和定义、轮胎理赔鉴定人员基本素质要求、等级划分、人员岗位能力要求。

•《轮胎营销管理规范》：规定了轮胎经销企业的术语和定义、经营环境、营销管理、专业经营模式管理。

•《轮胎理赔用术语及定义》：规定了轮胎理赔中用于描述轮胎损伤和缺陷的一般术语和定义。

第 4 章

轮胎的检验与检测

轮胎成品的室内试验是轮胎生产全面质量管理中质量保证体系的一个重要的组成部分，通过产品试验，不仅可以提供生产过程中产品质量的可靠信息，而且可以验证产品配方设计、结构设计及工艺规程是否合理。成品试验能反映成品结构的综合性能、标准公差及安全性能等。

随着路况的改善，载重胎向子午化发展，轿车子午胎向扁平化发展，各方都在努力提高汽车的高速性能和舒适性，因此轮胎的成品试验也在不断更新和发展。本章将简要介绍我国所采用的轮胎成品试验方法及内容。

4.1 轮胎的在线检测

轮胎的在线检测是指轮胎硫化后在生产线上所进行的检测工作。主要包括轮胎的外观质量检查、轮胎的无损检验（X 射线法）、轮胎的均匀性检测、轮胎的平衡检测这四个项目。

4.1.1 轮胎的外观质量检查

轮胎的外观质量检查是指：检查硫化后的成品轮胎有无严重影响轮胎使用寿命的外观缺陷，具体方法按 HG/T 2177《轮胎外观质量》执行。

4.1.2 轮胎的无损检验（X 射线法）

X 光检测是对轮胎质量检验的一种非破坏性检验，它具有无损和高灵敏度的特点，可以查出轮胎内部缺损部位及大小，并且可以拍摄成照片，为产品设计和生产工艺的优化提供精准的数据支持。这种方法对新旧轮胎的鉴定都有重要的意义。具体方法按 GB/T 23664《汽车轮胎无损检验方法 X 射线法》执行。

4.1.3 轮胎的均匀性检测

轮胎均匀性是当轮胎在承受一定负荷，并在一定的滚动半径滚动时，所产生径向、侧向力均匀程度的变化。轮胎是由多种材料，经多层贴合制成，制造工艺复杂，尤其是子午线轮胎更为突出。汽车在高速行驶时，轮胎旋转速度很高，如果轮胎不均匀会引起汽车剧烈振荡并产生噪声，乘坐时不舒适，驾驶性差，甚至造成汽车损坏。所以随着汽车的高速化，以及轮胎的子午化趋势，均匀性已经引起人们的关注。

轮胎均匀性检测方法按照 GB/T 18506《汽车轮胎均匀性试验方法》执行。

（1）轮胎均匀性检测图示

图 4-1 为轮胎均匀性试验机的原理示意图。均匀性试验机可采用转鼓驱动式或轮胎驱动式，保证轮胎既能顺时针旋转，又能逆时针旋转。

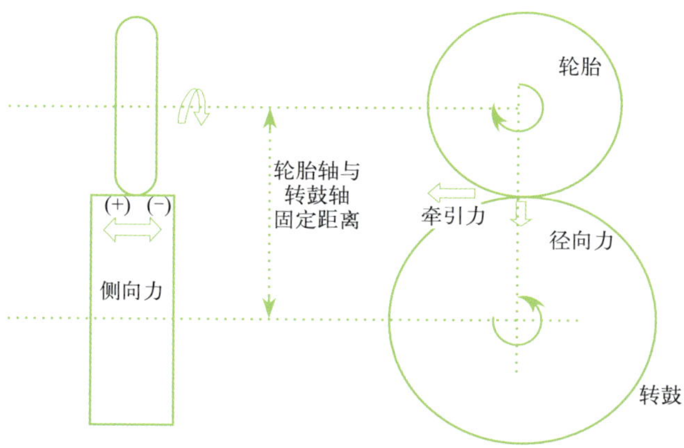

图 4-1　轮胎均匀性试验机原理示意图

（2）轮胎均匀性检测方法

试验现场的环境温度应控制在 5 ～ 40℃。如果轮胎温度不在 5 ～ 40℃范围内，应将轮胎停放在该环境中，直到它的温度满足上述要求。

试验前先把轮辋安装好，使其径向、侧向跳动保持在允许范围内。把轮胎装在上面调整好的轮辋上，按规定给轮胎充气，移动试验转鼓使其靠上轮胎，直至达到规定的负荷，保持主旋转轴与转鼓轴的距离恒定不变，使主轴顺时针方向和逆时针方向各旋转两周以上，通过计算机记录轮胎在转鼓上转动时的各项数据。

当轮胎顺时针旋转时，测量并记录下列数据：

① 径向力的变化值 RFV；

② 侧向力的变化值 LFV；

③ 侧向力的偏移值 LFD1（即侧向力偏向一侧的平均值）。

当轮胎按逆时针旋转时，再测量并记录下列数据：

① 侧向力偏移值 LFD2；

② 圆锥度：

$$\text{圆锥度}=\frac{(\text{LFD1}+\text{LFD2})}{2}$$

③ 驾驶性：

$$\text{Plysteer}=\frac{(\text{LFD1}-\text{LFD2})}{2}$$

4.1.4　轮胎的平衡检测

（1）轮胎平衡检测的概念

当轮胎上任何一段重量与其直径方向和断面方向上对称段的重量相等时，此胎即达到平衡。如果存在重量分配不匀的现象，则轮胎上重段的重心称为重点，重点的对称点为轻点，即为不平衡。

（2）轮胎平衡检测的意义

轮胎的不平衡会引起汽车振动并生产噪声，这种影响随着行驶速度的增加而急剧增大，影响汽车的操纵性、稳定性以及乘坐舒适性，使汽车的耗油增大的同时也可造成不必要的损坏。

（3）影响轮胎平衡的因素

① 轮胎重量不平衡。如果轮胎单位长度上的重量不相等，由 $F=mv^2/r$ 可看出，当 v、r 一定时，m 越大，离心力 F 就越大，造成的旋转偏转量越大（m 代表质量；v 代表旋转的线速度；r 代表半径）。

② 由于几何尺寸造成的不平衡。即使轮胎单位长度上的重量相等，但由于轮胎椭圆度太大（轮胎不圆），根据 $F=mw^2r$ 可分析出，当 m、w（角速度）一定时，r 大的一处，F 就大。随旋转速度的加快，不平衡加剧。因此高速轿车胎在装车前要和轮辋一起做平衡试验并配重。

（4）轮胎平衡试验的试验方法

① 静平衡试验。静平衡试验有两种形式，均是在轮胎静态下进行检测。通过静平衡试验，可检测轮胎径向平衡情况。

一是将轮胎垂直地安装在轴上，使其自由旋转，待自动停止后，由于重力的作用，重点位于圆周的下端。如图 4-2 所示。

二是将轮胎水平地放在中心支点上，则有重点的一侧就向下倾斜。如图 4-3 所示。

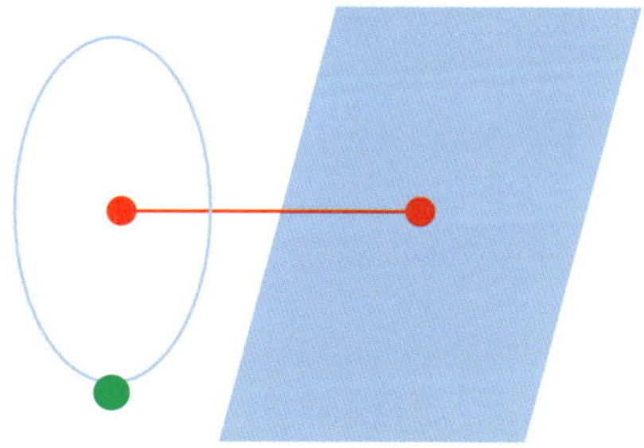

图 4-2　垂直检测

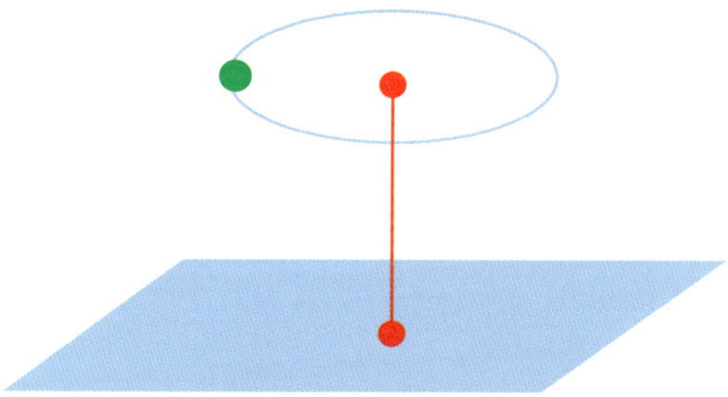

图 4-3　水平检测

② 动平衡试验。轮胎的动平衡检测按照 GB/T 18505《汽车轮胎动平衡试验方法》执行。

动平衡试验是轮胎在旋转状态下进行的检测。首先是在电动机的带动下，通过轴、轴承使轮胎旋转，然后测量由于离心力的力矩所造成的旋转偏转量，它可以检测出重点在圆周方向和断面方向的位置及平衡差度。对于存在两个以上重点的轮胎，只有动平衡试验才能检测出来。

4.2 轮胎的室内试验

4.2.1 轮胎室内试验的意义

轮胎室内试验能反映轮胎在制造过程中许多方面的问题，下面着重介绍四个方面。

① 通过轮胎的室内试验能够反映制造工艺的执行情况，工艺执行率不高，轮胎的内在质量就得不到保证。如进厂帘线不合格，压延时劈缝大，不及时纠正，强度试验就很难通过国标。按工艺要求硫化压力、温度、时间在配方设计时是确定的，硫化过程中三者有一个不能保证，会造成轮胎欠硫或过硫，直接影响轮胎的使用寿命；试验时欠硫易出现脱层，过硫易出现爆破。

② 室内试验能反映出工厂的管理水平，管理水平不高，就无法保障产品质量。如一些工厂领导者本身是外行，对轮胎制造不熟悉，只看产量，重眼前效益；生产车间卫生条件差，下雨时厂房漏水；车间内尘土、沙子到处可见；不应落地的半成品落地，生产过程中必有大量的杂质混入轮胎，造成缺陷。试验过程中出现早期损坏的轮胎，通过解剖通常能发现杂质。

③ 室内试验能反映出工厂的设备先进化水平和工人操作水平。设备陈旧，工艺条件达不到，工人的操作水平差，会直接影响轮胎的质量。如胎面接头压得多会造成胎面胶薄厚不均，在平衡和均匀性检验时反映很明显；在高速、耐久性能试验时，轮胎跳动大，会造成应力集中，使轮胎早期损坏。

④ 室内试验能反映出设计人员在设计、选用原材料上是否合理。若选用的原材料（如帘线或钢丝）不合格，强度试验很难通过国标；裁断角、成型机头宽度、帘线的伸长率等，都会直接影响外缘尺寸的大小。

4.2.2　强制性安全检验项目

轮胎的强制性安全检验项目是指国标中规定的强制性检验项目。包括轮胎外缘尺寸测量、轮胎强度性能检验、轿车无内胎轮胎脱圈阻力性能检验、轮胎耐久性能检验和轮胎高速性能检验。

4.2.2.1　轮胎外缘尺寸测量

（1）轮胎外缘尺寸测量的概念

在一定的温度范围内，向轮胎与轮辋的组合体充入规定气压。按规定时间停放后，重新调整气压，然后对轮胎外缘尺寸进行测量。

（2）轮胎外缘尺寸测量的意义

为保证汽车的操纵性、稳定性，发动机的功率有效地传递给车轮有很重要的意义。

（3）轮胎外缘尺寸测量的方法

轮胎外缘尺寸测量方法，按 GB/T 521《轮胎外缘尺寸测量方法》执行。

① 测量条件：外胎硫化后应停放 24h 以上，其中在 18 ～ 36℃室温下至少

停放 3h 才进行装胎，将外胎、内胎和垫带安装在标准轮辋上，充入轮胎层级单胎最大负荷所对应的气压。在 18 ～ 36℃下至少停放 24h，重新调整到标准气压，停放 15min 后即对轮胎的充气压力进行确认并进行测定。

② 轮胎外周长：用金属卷尺沿胎冠中心线一侧绕轮胎一周，测量外周长。外直径 = 外周长 /π，π 取 3.14。测量单位为毫米，取整数。

③ 轮胎断面宽度：选取没有标志、装饰线和防擦线的胎侧部位，用游标卡尺或卡钳在轮胎圆周的大约四等分处测量四点的断面宽（见图 4-4），测量单位为毫米，取整数，若不能避免，测量时包括了标志、装饰线和防擦线等时，应将测量值减去由此增加的宽度。

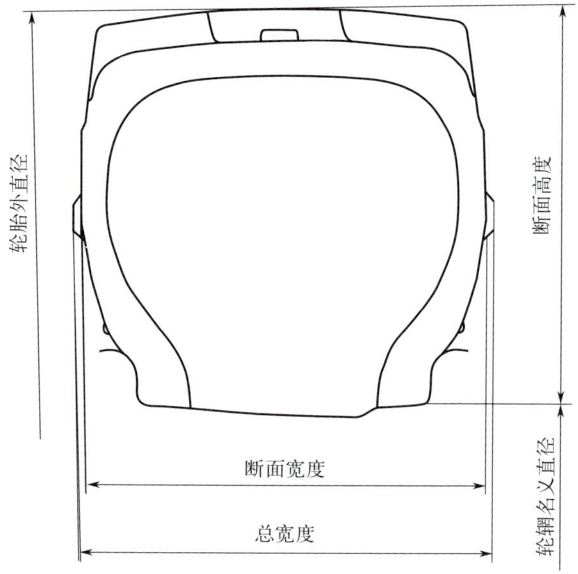

图 4-4　轮胎尺寸测量示意图

④ 轮胎花纹沟深度：用游标卡尺（或花纹深度尺）测量。测量时，应避免胎面磨耗标志 TWI(Tread Wear Indicator) 或其他字符图标。游标卡尺（或花纹深度尺）应保持与花纹沟底部相垂直（见图 4-5），测量单位为毫米，取两位小数。

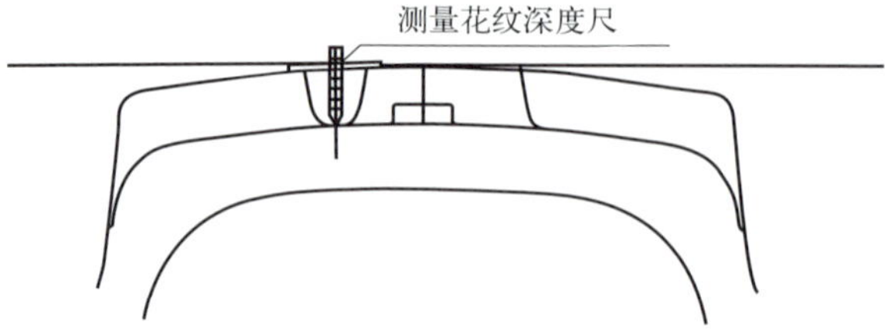

图 4-5　测量轮胎花纹沟深度示意图

纵向花纹在轮胎四等分处的四点上测量靠近胎冠中心线的花纹沟深度；

横向花纹和越野花纹轮胎，对有磨耗标志的轮胎，沿磨耗标志圆周线，测量轮胎圆周四等分处四点上的花纹沟深度；对无磨耗标志的轮胎，在胎肩到胎冠中心线间 1/2 处，测量轮胎圆周四等分处四点上的花纹沟深度。

⑤ 胎面磨耗标志的高度：在对应四处胎面磨耗标志的部位，测量各点花纹沟深度及相应各点的胎面磨耗标志距离胎面高度（摩托车轮胎测量三处）。用游标卡尺（或花纹深度尺）测量。测量花纹沟深度时，游标卡尺（或花纹深度尺）应保持与花纹沟底部相互垂直。测量胎面磨耗标志距胎面的高度时，游标卡尺（或花纹深度尺）应保持与胎面磨耗标志上平面相互垂直，并对准磨耗标志的中间位置。测量单位为毫米，取两位小数。

4.2.2.2　轿车无内胎轮胎脱圈阻力性能检验

（1）轿车无内胎轮胎脱圈阻力的概念

脱圈阻力试验是基于实际使用条件进行的静态模拟试验，向轮胎施加侧向力，迫使胎圈从轮辋边缘上向内脱落，测定其所需的最大力值。这一过程称为脱圈阻力试验。

（2）轿车无内胎轮胎脱圈阻力检验的意义

汽车在转向时产生离心力，当离心力超过胎圈与轮辋间的着合力时，胎圈将离开轮辋边缘向内作横向位移，胎内气压迅速下降，严重威胁汽车安全行驶。因此轿车无内胎轮胎作脱圈阻力试验是很有必要的，也是国标考核项目之一。

（3）轮胎脱圈阻力试验设备

轮胎脱圈阻力试验机由轮胎支承轴、脱圈压块等组成，如图 4-6 所示。

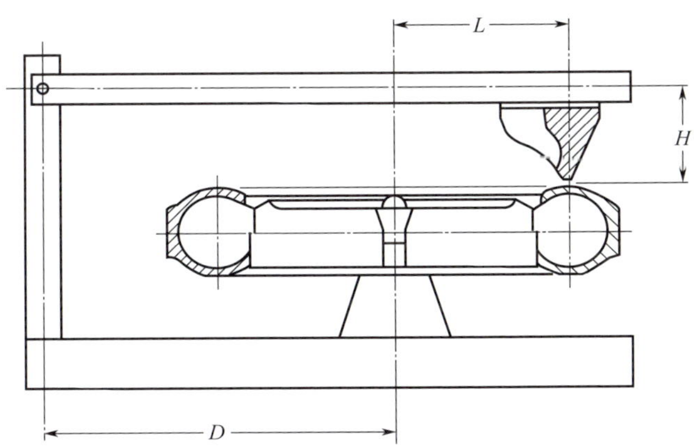

图 4-6　无内胎轮胎脱圈阻力试验机

（4）试验条件与步骤

轿车无内胎轮胎脱圈阻力性能检验，按照 GB/T 4502《轿车轮胎性能室内试验方法》执行。

试验条件：

① 试验轮胎应为无内胎轮胎，外观质量应符合 GB 9743 的规定，安装前应保证其胎圈部位洁净、干燥。

② 试验轮辋应符合 GB/T 2978 对测量轮辋的规定，试验轮胎胎圈部分应擦洗干净，安装在外观光洁，不涂润滑剂或粘合剂，充入规定的气压。

③ 在轮胎胎侧上确定至少 4 个沿圆周方向大致等间距分布的试验点，逐一标记、编序号。

④ 充气后的试验轮胎组合体应在 18 ～ 36℃的环境下停放 3h 以上。充气前，必须在室温下停放 3h 以上。

试验步骤：

① 试验开始时，支承脱圈压力块的横臂应与测量轮辋平行。

② 在试验轮胎胎侧圆周面上确定至少四个测量点，脱圈压块以 50 mm/min ± 2.5 mm/min 的下降速度向胎侧外表面逐渐递增施加作用力，直到轮胎胎圈与轮辋脱开或达到标准规定的最小脱圈阻力值为止。

③ 测量并记录脱圈压块在停止移动瞬间对轮胎胎侧的作用力，同时应在试验报告中注明各试验点“未脱”或“已脱”。

4.2.2.3 轮胎耐久（高速）性能试验

（1）轮胎耐久（高速）性能试验的概念

轮胎耐久性能试验：在一定的温度（机内或室温）范围内，按国标充入规定气压的轮胎与轮辋的组合体，将轮胎以恒定的试验负荷压在作为活动模拟路面的转鼓上，转鼓以恒定的速度运行，按行驶时间逐步加负荷进行试验，以鉴定轮胎的耐热性和疲劳性，这种试验为轮胎耐久性能试验。

轮胎高速性能试验：在一定的温度（机内或室温）范围内，按国标充入规定气压的轮胎与轮辋的组合体，将轮胎以恒定的试验负荷压在作为活动模拟路面的转鼓上，并按时间逐步升速进行试验，以鉴定轮胎的耐热性和耐疲劳性能。

试验负荷：是根据轮胎层级对应的最大负荷所确定的，它们的关系是一个系数的关系。

（2）轮胎耐久（高速）性能试验的意义

轮胎是一种由多材料、多部件构成的（胎面、胎体和胎圈）。在苛刻、复杂条件下使用的复合结构制品，它在使用过程中要承受径向负荷、侧向力、驱动力和制动力等多种外力的作用。轮胎在行驶过程中，同地面发生剧烈的摩擦，同时各部位将产生很大的应力应变，这些应力应变以较高频率交替地改变着，导致轮胎疲劳，各部件使用过程中产生剪切力，此外轮胎在承受力的过程中由于弹性滞后，将吸收部分动能转变为热能，使轮胎在较高温度下工作。轮胎本身是热的不良导体，不易散热容易造成橡胶的热氧老化，所以耐热性能和耐疲劳性能是决定轮胎使用寿命的主要因素。而耐久性能和高速性能试验主要是考核轮胎的耐热性能和耐疲劳性能，所以轮胎的耐久性能和高速性能试验是非常必要的。

（3）轮胎耐久（高速）性能试验设备

我国采用高速、耐久性能试验机是轮胎与转鼓外接圆的接触形式，高速和耐久性能试验可用同一设备，所不同的是高速试验机要求速度高，用速度高的试验机以某一恒定的速度做耐久试验是可以满足要求的。

高速、耐久试验机主要由电机、转鼓、框架、加负荷系统、控制操作系统等组成。

基于直流电机优越的性能，一般采用直流电动机，一是可获得较高的速度，二是转动力矩大、速度平稳，转鼓表面光滑，直径 1707mm，宽度大于被测轮胎的充气断面宽。

加负荷系统分为重锤砝码式加负荷和液压加负荷两种方式。前一种劳动强度大，但负荷较准确；后者分为开环和闭环两种形式，开环是由液压泵、蓄能器等组成，闭环由液压泵、伺服系统等组成。

（4）轮胎耐久（高速）性能试验方法

轮胎高速（耐久）性能试验方法：新的载重汽车充气轮胎按照 GB/T 4501《载重汽车轮胎性能室内试验方法》执行；新的轿车充气轮胎按照 GB/T 4502《轿车轮胎性能室内试验方法》执行。

4.2.2.4　轮胎高速均匀性检测

轮胎均匀性检测，除了按照 GB/T 18506《汽车轮胎均匀性试验方法》执行较低速度下的均匀性检测外，在轮胎与整车匹配开发过程中，轮胎还需要进行高速状态（一般速度大于 60km/h）下均匀性测试。在速度较高的条件下进行测试，测试结果输出的频率远高于低速状态下的均匀性测试，为此，轮胎高速均匀性测试需要在能够提供更高频率的专用设备上进行测试，图 4-7 是一种典型的轮胎高速均匀性测试设备。为了保证输出更高频率的均匀性谐波数值，轮胎高速均匀性检测需要建设地基且设备本身需配重，以实现充分的隔震。目前国内针对高速均匀性的标准主要有中国橡胶工业协会发布的团体标准 T/CRIA 29006—2023《汽车轮胎高速均匀性试验方法》。

图 4-7　典型轮胎高速均匀性测试设备

4.2.3　轮胎平点检测

轮胎平点是指在一定载荷状态下不滚动并维持一段时间，使轮胎加载部位产生扁平变形的现象。轮胎平点的恢复能力直接影响着车辆的平顺性能，通过平点测试能够有效地识别出轮胎平点性能的优劣。实际上，轮胎平点检测本质上依然是高速均匀性检测，其侧重点在于考核长时间静置条件下由于橡胶及内部帘线的塑性变形而引起的轮胎均匀性变化。

轮胎平点测试主要包含三个部分，即生成平点前进行的轮胎高速均匀性测试、生成平点、生成平点后进行的轮胎高速均匀性测试。其均匀性检测依然采用高速均匀性测试设备进行，图 4-8 展示了一种典型的轮胎平点生成设备。

图 4-8　典型轮胎平点生成设备

4.2.4　轮胎 cleat 测试

轮胎 cleat 测试是针对轮胎冲击性能进行的一项测试，其主要目的是获得轮胎在通过 cleat 冲击条后冲击力的衰减特性。目前，轮胎 cleat 测试主要用于轮胎动力学模型建立过程中的数据辨识，用以在动力学模型中体现轮胎的衰减特性。此外，轮胎 cleat 测试可以获得其在动态冲击特性下的动态力传递特性，对于分析其空腔频率的分布状态也有相应的意义。相关设备如图 4-9 所示。

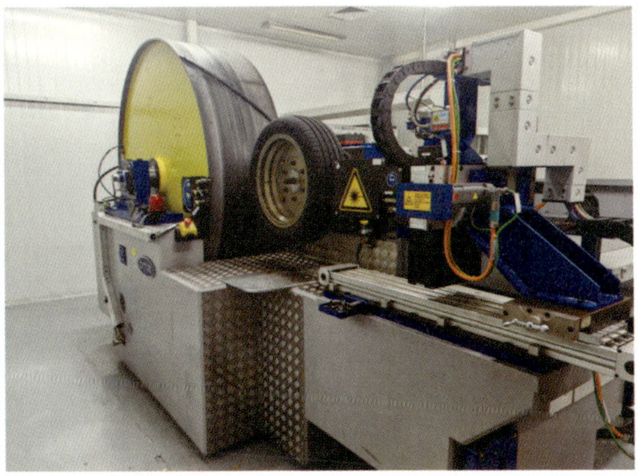

图 4-9　轮胎 cleat 测试冲击试验设备

4.2.5　轮胎力与力矩特性测试

轮胎力与力矩特性测试也称为轮胎六分力测试，是轮胎动力学特性最为重要的特性测试。具体包括三项测试，即轮胎侧偏特性测试、轮胎纵滑特性测试和轮胎复合特性测试。

轮胎侧偏特性测试：轮胎侧偏特性测对应车辆转弯特性工况，通过进行轮胎侧偏特性测试，可获得轮胎侧向力与侧偏角度之间的关系曲线、轮胎回正力矩与侧偏角之间的关系曲线，通过计算可得出侧偏刚度、轮胎回正刚度。此外，轮胎侧偏特性测试还可测得轮胎侧向松弛长度，即反应轮胎侧向力响应特性的参数。

轮胎纵滑特性测试：轮胎纵滑特性测试对应车辆驱制动特性工况，通过进行轮胎纵滑特性测试可获得轮胎纵向力与滑移率之间的关系曲线，通过计算可获得纵滑刚度。此外，轮胎纵滑特性测试还可测得纵向松弛长度。若测试设备电机控制精度难以满足需求，纵向松弛长度也可以通过计算得出。

轮胎复合特性测试：轮胎复合特性测试对应车辆的加速转弯或者制动转弯的测试工况，可以获得轮胎摩擦椭圆，即轮胎纵向力和侧向力在特定载荷下的力值分配。

对于轮胎力与力矩的测试，目前行业内使用的主流测试设备是 MTS 的 Flat-trac 系列，设备具体形式如图 4-10 所示。

图 4-10　轮胎力和力矩试验台

4.2.6　轮胎水压爆破检测

① 轮胎水压爆破检测的概念：常温下，将外胎、内胎和垫带按国标安装在标准的专用轮辋上，由液压泵将水以恒定的速度（保持单位时间内稳定的升压速度）注入内胎中，逐渐升压，直至轮胎爆破，记下压力表的读数。这一试验过程为水压爆破试验。

② 轮胎水压爆破检测的注意事项：轮胎硫化后 24h 才能进行试验；水压爆破过程中，进水速度不要太快，应按标准进行。

③ 轮胎水压爆破检测的意义：轮胎水压爆破试验主要考虑的是轮胎使用过程中的安全性，通过测定轮胎的抗爆能力，可以判断胎体强度，并找出轮胎的薄弱部位。

④ 轮胎水压爆破试验方法：轮胎水压爆破试验方法，按照 HG/T 2186《轮胎水压试验方法》执行。

⑤ 试验轮胎损坏的分析：

a. 轮胎没有达到所要求的压力而爆破，说明强度不够。水压试验的内压均匀，轮胎有薄弱点时易出现应力集中。

b. 子口部位爆破、钢丝折断或歪斜脱出轮辋说明钢丝圈强度不够或子口太紧，子口设计或生产后尺寸不标准。

c. 轮胎爆破处呈锯齿形、层数散乱，说明密着力较差。

d. 轮胎爆破处呈十字或丁字形，但破口处帘线整齐不松散，说明胎体帘线密着力较好。

4.2.7 轮胎静负荷检测

① 轮胎静负荷检测的概念：轮胎的静负荷试验是测定轮胎在不同气压和负荷下的外缘尺寸和变形、接地面积、轮胎的下沉量等的试验过程。

② 轮胎静负荷检测的意义：鉴定被测轮胎是否符合标准要求，为轮胎的设计工作提供参考数据，对轮胎使用过程中的安全性有重要的意义。如变形太大，当双胎使用时会出现并胎现象，使轮胎早期损坏。

③ 轮胎静负荷检测的试验方法：轮胎静负荷检测的试验方法，按照 HG/T 2443《轮胎静负荷性能试验方法》执行。

4.3 轮胎的室外试验

轮胎作为辅助汽车在道路正常行驶的一种橡胶制品，是汽车的关键部件之一。轮胎的性能对整车的动力性、制动性、操纵稳定性等都有着至关重要的影响。

4.3.1 轮胎湿地抓着性能检测

（1）轮胎湿地抓着性能检测的概念：将试验轮胎与标准轮胎安装在合适的测试车辆上，在符合试验要求的湿滑沥青路面上分别进行 80 ～ 20km/h 的制动测试（C2、C3 型轮胎进行 60 ～ 20km/h 的制动测试）。将试验轮胎和标准轮胎所测得的结果经过公式计算得出试验轮胎的湿地抓着性能指数。

（2）轮胎湿地抓着性能检测的意义：检测轮胎湿地制动能力，该能力会影响最终整车在湿路面的制动距离。

（3）轮胎湿地抓着性能检测的试验方法：轮胎湿地抓着性能检测的试验方法按照 GB/T 21910《轿车轮胎湿路面相对抓着性能试验方法》、GB/T 35163《载重汽车轮胎湿路面相对抓着性能试验方法》进行。

4.3.2 轮胎惯性滑行通过噪声性能检测

（1）轮胎惯性滑行通过噪声性能检测的概念：将试验轮胎安装在合适的测试

车辆上，在进入测试区域前关闭发动机，并在指定的速度范围内滑行通过测试点，测得轮胎惯性滑行通过噪声值。

（2）轮胎惯性滑行通过噪声性能检测的意义：胎噪是车辆行驶过程中噪声的重要组成部分，胎噪过大会影响驾乘舒适性。

（3）轮胎惯性滑行通过噪声性能检测的试验方法：轮胎湿地抓着性能检测的试验方法按照 GB/T 21910《轿车轮胎湿路面相对抓着性能试验方法》、GB/T 35163《载重汽车轮胎湿路面相对抓着性能试验方法》进行。

4.3.3 轮胎 μ –s 性能检测

（1）轮胎 μ-s 性能检测的概念：是针对轮胎与路面之间的摩擦系数（μ）和滑移率（s）关系的专项测试，是评估轮胎抓地性能、优化车辆动力学控制的核心技术手段。其本质是通过量化不同滑移状态下轮胎的抓地力表现，来揭示轮胎与路面的相互作用规律。

摩擦系数 μ 反映轮胎“抓地力”的强弱：μ 值越高，轮胎在相同载荷下能传递的力越大；滑移率 s 是描述轮胎滑移程度的无量纲参数，用于量化轮胎滚动时“滑动”与“滚动”的比例，分为纵向滑移率（制动 / 加速场景）和横向滑移率（转向场景）。μ-s 性能检测中通常以纵向滑移率为核心，定义为：

$$s = [(\text{车辆实际速度} - \text{轮胎滚动速度}) / \text{车辆实际速度}] \times 100\%$$

当 s=0% 时：轮胎纯滚动，无滑移（理想状态，实际行驶中几乎不存在）；

当 s=100% 时：轮胎完全抱死滑动（如紧急制动时车轮不转，轮胎在路面拖滑）；

当 0%<s<100% 时：轮胎处于“边滚边滑”状态（多数制动、加速过程的常见状态）。

（2）轮胎 μ-s 性能检测的意义：轮胎 μ-s 性能可以反映轮胎在相关测试路面的峰值制动力系数，也可以反映出在达到最大峰值制动力系数时轮胎的滑移率，可用于优化该款轮胎未来用于实车的 ABS 系统的调节，也可用在整车研发阶段对待选轮胎的性能比较。在车辆研发阶段可能无法提供在研车辆进行不同轮胎的制动性能对比，因此可以使用该测试方法对比不同轮胎的峰值制动力系数。

（3）轮胎 μ-s 性能检测的试验方法：轮胎 μ-s 性能检测的试验方法目前尚无国家规定的相关标准，一般根据不同车企的要求进行相关的测试。

4.3.4 轮胎冲击性能检测

（1）轮胎冲击性能检测的概念：轮胎冲击性能检测分为冲击坑测试和冲击柱测试。冲击坑的长、宽、高的尺寸可根据不同的测试要求进行调整，如图 4-11 是长 × 宽 × 高为 1000mm × 1000mm × 100mm 的冲击坑工装。冲击柱的角度、宽度、高度也可根据不同的测试要求进行调整，如图 4-12 为 45°、宽 125mm、高 110mm 的冲击柱工装。

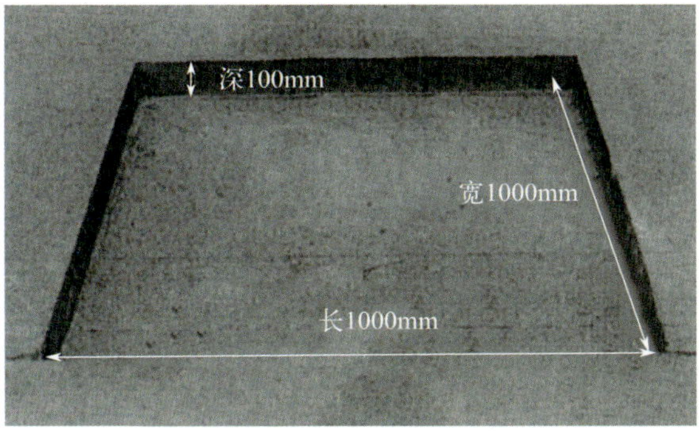

图 4-11　冲击坑工装

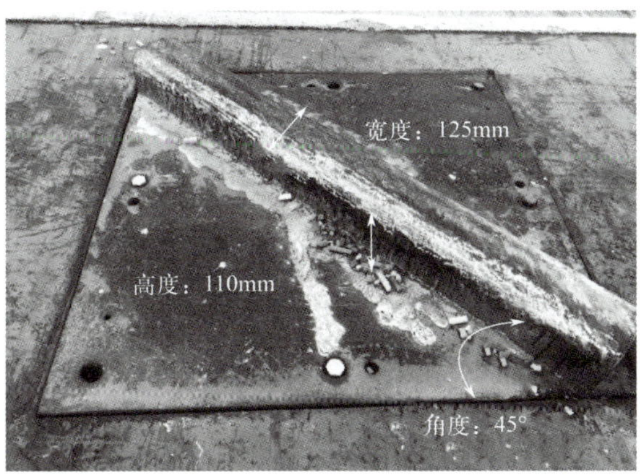

图 4-12　冲击柱工装

试验时分别以指定的速度通过冲击坑或冲击柱工装，观察试验轮胎是否出现鼓包、开裂、破损、爆胎等现象。

（2）轮胎冲击性能检测的意义：轮胎作为车辆唯一与地面接触的零部件伴随车辆行驶在各种各样的路面上，在行驶途中可能会遇到深坑、凸台等不平整路面，在驶过此类路面时很容易对车辆或轮胎造成损伤，因此此类冲击测试可以验证轮胎的抗冲击性能。

（3）轮胎冲击性能检测的试验方法：轮胎冲击性能检测的试验方法目前尚无国家规定的相关标准，一般根据不同车企的要求进行相关的测试。

4.3.5　轮胎与轮辋滑移性能检测

（1）轮胎与轮辋滑移性能检测的概念：当轮胎的制动力矩或驱动力矩大

于轮胎和轮辋之间的摩擦力矩时，轮胎将在轮辋上产生周向滑移。测试前先对轮胎与轮辋的位置进行标记，然后进行多次制动后测量轮胎与轮辋的滑移量。

（2）轮胎与轮辋滑移性能检测的意义：在车辆日常行驶中会有紧急加速和紧急制动的工况，在此类行驶状态下可能会使轮胎和轮辋产生相对移动，将导致轮胎原先装配的动平衡丢失，将影响车辆行驶的舒适性及操纵性。

（3）轮胎与轮辋滑移性能检测的试验方法：目前尚无国家规定的相关标准，一般根据不同车企的要求进行相关的测试。

4.3.6 轮胎纵向水滑性能检测

（1）轮胎纵向水滑性能检测的概念：在指定水膜厚度的路面上匀速行驶，当车辆行驶至测试区域时进行全油门加速，直至驶出测试区域。在测试过程中任意驱动轮的滑移率到达 10% 时，定义为发生水滑现象。

（2）轮胎纵向水滑性能检测的意义：在用车场景中会有大雨或路面积水的情况出现，当在该条件下行驶时如需加速行驶，若轮胎的排水性能不佳，那么在加速过程中的水滑现象可能会导致车辆行驶不稳甚至失控。

（3）轮胎纵向水滑性能检测的试验方法：目前尚无国家规定的相关标准，一般根据不同车企的要求进行相关的测试。

4.3.7 轮胎舒适性主观评价检测

（1）轮胎舒适性主观评价检测的概念：试验需要通过对比试验轮胎与参考轮胎来进行测试，并评价其性能。首先将参考轮胎安装在车辆上，对其进行评价，然后换上试验轮胎再次进行评价。试验路线需要在评价进行之前确定，并保持每套轮胎的行驶路线及车速一致。评价时应关闭所有车窗及空调、娱乐系统。轮胎噪声的评价在水泥路面及沥青路面上进行。

（2）轮胎舒适性主观评价检测的意义：轮胎舒适性主观评价可以反映测试者对不同轮胎的舒适性感受，可以反映出设备无法测量的评价项目的差异。

（3）轮胎舒适性主观评价的评价项目和方法见表 4-1，主观评价的评分依据见表 4-2。

表 4-1 汽车轮胎舒适性主观评价项目和方法

评价项目	试验路面	试验车速	评价内容
冲击（接缝、井盖）	桥的接缝、井盖、减速坎、猫眼及破损沥青路面	20km/h、60km/h、80km/h、100km/h	以相应的车速通过以上障碍时的冲击感觉（减速坎为 20km/h、猫眼为 60km/h、桥的接缝为 80 ～ 100km/h）

续表

评价项目	试验路面	试验车速	评价内容
行驶颤抖（光滑路面行驶）	沥青高速路面	80km/h、100km/h、120km/h	评价在沥青高速路面上行驶时的颤抖
路面噪声	破损沥青路面、水泥路面	60km/h、80km/h、100km/h	评价在破损沥青路面和水泥路面上行驶时的路噪
轮胎噪声	水泥路面	60km/h、80km/h、100km/h	评价在平滑水泥路面上行驶时的花纹噪声及啸叫
水泥路面行驶	水泥路面	60km/h、80km/h、100km/h、120km/h	评价在水泥高速路面上行驶时的舒适性
粗糙路面行驶	粗糙沥青路面、破损沥青路面、建筑中的路面	40km/h、60km/h	评价轮胎在粗糙路面的舒适性感觉及隔绝振动的能力
总评	全部特征路面	20km/h、60km/h、80km/h、100km/h、120km/h	总体评价轮胎舒适性能

表 4-2　轮胎主观评价评分依据

<table>
<tr><th>分数</th><th>1</th><th>2</th><th>3</th><th>4</th><th>5</th><th>6</th><th>7</th><th>8</th><th>9</th><th>10</th></tr>
<tr><td>评价</td><td>极差</td><td>差</td><td>较差</td><td>稍差</td><td>勉强接受</td><td>接受</td><td>较好</td><td>好</td><td>很好</td><td>完美</td></tr>
<tr><td>类别</td><td colspan="4">不可接受</td><td colspan="6">可接受</td></tr>
<tr><td>反馈</td><td colspan="3">所有顾客抱怨</td><td colspan="2">普通顾客抱怨</td><td colspan="2">挑剔顾客抱怨</td><td colspan="2">评价师抱怨</td><td>没有抱怨</td></tr>
<tr><td>缺陷</td><td>功能丧失</td><td>严重缺陷</td><td>有缺陷</td><td>需要改进</td><td>较多</td><td>少</td><td>很少</td><td>极少</td><td>几乎感觉不到</td><td>感觉不到</td></tr>
</table>

4.3.8　轮胎湿地操控性能主观评价检测

（1）轮胎湿地操控性能主观评价检测的概念：试验需要通过对比试验轮胎与参考轮胎来进行测试，并评价其性能。首先将参考轮胎安装在车辆上，对其进行评价，然后换上试验轮胎再次进行评价。在试验跑道上以尽可能快的车速连续稳定行驶 7 圈，前 2 圈作为练习，从第 3 圈开始记录圈时。记录圈时需将 5 个值中的最大和最小值去掉，记录其余的 3 个圈时的平均值。

（2）轮胎湿地操控性能主观评价检测的意义：轮胎湿地操控性能主观评价可以反映测试者对不同轮胎的湿路面极限条件下的驾驶感受，可以反映出设备无法测量的评价项目的差异。

（3）轮胎湿地操控性能主观评价的项目和方法见表 4-3。

表 4-3　轮胎湿地操控性能主观评价项目和方法

评价项目	试验路面	评价内容
转弯响应	湿地操控路	转向响应主要包括中心区及非中心区两方面，在直线段位置以进行小转角正弦输入评价车辆的横摆响应；在对应的弯道以适应的车速（中高侧向加速度）进行转向输入，评价车辆在湿地弯道行驶过程中是否有明显的转向响应滞后，转向输入和车辆横摆响应线性度如何
弯道平衡	湿地操控路	在S弯第一弯道位置加速，则车辆会在S弯第二弯道位置失去抓地力开始滑出。在这个位置评价是否可以很容易地控制车辆，以及车辆滑出时的表现是否可接受
转向过度	湿地操控路	评价车辆在进入弯道时的转向过度特性。对应的弯道以适应的车速（中高侧向加速度）进入，后轮的滑动量越小越好
转向不足	湿地操控路	评价车辆在出弯道时的转向不足特性。在弯道中过弯心点后全力加速，通常前驱车辆会出现明显的推头现象
弯道中的动力变化（循迹性）	湿地操控路	在U形或者C形弯道中进行加减速操作，评价车辆在弯道行驶中的保持能力
最大侧向抓地力	湿地操控路	评价车辆在转弯过程中，轮胎的抓地能力。在高速转弯时车辆仍能保持行驶轨迹，说明轮胎具有较好的抓地性能
直线制动稳定性	湿地操控路	在直线段位置进行制动，若车辆能保持恒定的减速度且稳定性很好，说明其在湿滑路面的制动稳定性较好。评价时，应以较高的车速进行全力制动进行评价
加速牵引力	湿地操控路	评价车辆在加速时轮胎提供的牵引力。在弯道位置进行低速评价，在直线段位置进行高速评价，同时需要对车辆的加速稳定性进行评价。车辆加速时的车轮空转打滑现象越小越好
水漂	湿地操控路	主要考察轮胎花纹的排水能力。水漂现象会让驾驶者通过方向盘及车辆的跳动或飘动感受到瞬间失去路面的反馈。评价时以较快的车速通过积水路面，越少的水漂现象越好
甩尾	湿地操控路	评价车辆在失去抓地力后车尾的甩出情况。当出现甩尾时，需评价操控修正是否容易及恢复正常的行驶能力
总体评分	湿地操控路	针对轮胎的湿地操控性进行总体评价

4.3.9　轮胎干地操控性能主观评价检测

轮胎干地操控性能主观评价的概念和意义与湿地操控性能主观评价类似，评价项目和方法见表 4-4。

表 4-4　轮胎干地操控性能主观评价项目和方法

评价项目	试验路面	评价内容
中间位置感觉	普通路面，直线沥青路面	评价转向力与转角输入的关系。中心区应该有明确的转向力的建立感觉，并且中心区的空行程越小越好
转向响应	普通路面，直线沥青路面	评价车辆横摆响应与转向输入之间的时间延迟，延迟越小代表转向响应越好
转向力及反馈	沥青直线路面和弯道	评价在不同速度下的转向效果，力的变化特性是否平顺线性，转向力的水平是轻还是重，转向反馈大小

续表

评价项目	试验路面	评价内容
干扰、抖动（KICK BACK）	沥青路面的壶穴和角坑，粗糙沥青路面	评价轮胎在受到路面干扰时的情况，轮胎对干扰的消除能力，不应有扭转或垂直的力和抖动传递至方向盘
不足转向	沥青路面弯道	评价车辆在稳态及瞬态工况下因前轮失去抓地力导致的不足转向的情况，以及这种变化是否线性
过度转向	沥青路面弯道	评价车辆在稳态及瞬态工况下因后轮失去抓地力导致的过度转向的情况，以及这种变化是否线性
横摆稳定性	干燥的沥青路面	评价车辆在瞬态轴荷转移时导致的横摆变化的线性及稳定性
极限表现	干燥的沥青路面	在极限的通过车速下，评价车辆表现是否稳定且可以控制，驾驶信心是否充足
制动稳定性	干燥的沥青路面	在直线及转弯制动时，对车辆须保持行驶轨迹的能力进行评价
抓地力水平	干燥的沥青路面	评价轮胎的总体抓地力水平，抓地力的变化是否线性
动力变化	干燥的沥青路面	在弯道中加减速时，车辆行驶轨迹应保持良好的循迹性，不能出现明显的轨迹偏离，轨迹保持能力越好此项评价越好
总评	沥青直线路面和弯道	总体评价轮胎的干地操控性能

第 5 章 轮胎的使用与保养

轮胎是车辆在正常工况下唯一接触地面的部件，其主要作用包括支撑车辆重量、传导车辆的牵引力和制动力、缓冲来自路面的各种反作用力等。

根据不同车型和不同作业环境要求，轮胎在保证行驶安全、操控稳定、驾乘舒适的基础上，衍生出不同的性能需求，如轿车轮胎所需的高速性能、减震性能、降噪性能、节油性能、环保性能、抗湿滑性能及缺气保用性能；载重胎所需的抗载、耐磨、良好散热性；工程轮胎所需的抗切割、耐刺扎、低滚阻、高抓着、耐寒耐热耐油等性能。因此，本章将围绕不同车型、不同使用需求，来介绍一下轮胎的使用与保养。

轮胎的使用与保养应遵照 GB/T 9768《轮胎使用与保养规程》进行。该标准适用于轿车轮胎、载重汽车轮胎、农业轮胎、工程机械充气轮胎、压配式实心轮胎、充气轮胎等。该标准规定了轮胎使用与保养的术语和定义，及轮胎的运输、贮存、选择、装配和拆卸、使用和保养的基本要求。

遵照 GB/T 9768《轮胎使用与保养规程》，为了做好轮胎的使用与保养，我们还应结合实践经验了解和掌握以下内容。

5.1 轮胎的正确选择

5.1.1 轮胎选择的“八同”原则

车辆行驶时的安全性、经济性和舒适性等都与轮胎有关。所以在更换原车轮胎时，选用的轮胎应注意匹配。具体选择轮胎时，在汽车的同一车轴上要做到“八同”，即规格、结构、磨耗、层级、花纹、品牌、气压、负荷相同。

① 规格相同：不同规格的轮胎其充气后外直径和断面宽度不一致，装在同一车轴上则可能引起负荷分布发生变化，所以要求同一车轴上的轮胎必须规格相同。另外，前后轴无特别要求的，其轮胎规格也应相同。

② 结构相同：因子午线轮胎和斜交轮胎的胎体结构不同，其缓冲性能、周向变形都存在差异。两种轮胎混装在同一车轴上，必然导致承受的负荷不同，磨耗也不一致。因此，同一车轴上必须装配同一结构的轮胎。

③ 磨耗相同：主要是指轮胎剩余花纹深度一致。轮胎磨耗不同，会导致轮胎外直径有差异。

④ 层级相同：层级是轮胎的负荷能力，同时确定了相应的气压标准。负荷能力不同的轮胎，在负荷相同的情况下，其变形也不同。因此，同一车轴上的轮胎必须选择同层级的。

⑤ 花纹相同：轮胎花纹不同，不仅磨耗有差别，而且与地面的附着力也不同。汽车左右轮胎花纹不一致，会影响汽车的平稳性，紧急刹车时会出现侧滑和甩尾现象。

⑥ 品牌相同：不同品牌轮胎的轮廓尺寸、胎面宽度、花纹形状、帘线材料都有一定的差别。不同品牌的轮胎混用，也会影响使用效果。

⑦ 气压相同：气压由层级而定。在层级相同的前提下，还应保持气压一致。

⑧ 负荷相同：装配相同负荷能力的轮胎，可以延长轮胎的使用寿命。

5.1.2　轮胎花纹的选择

除上述基本要求外，根据车辆用途，用户还需结合实际情况（如路况和车速等）来选择不同花纹的轮胎。如在一般铺装路面上中速行驶的货车和客车等，宜选用横向花纹或纵横兼有花纹的轮胎；经常在高速公路及良好铺装路面上行驶的车辆宜选用散热性好、横向稳定性强的纵向花纹和纵横兼有花纹的轮胎。

对不同用途的车辆，轮胎上的花纹也是不同的。主要可以分为 6 种类型：纵向花纹、横向花纹、混合花纹、块状花纹、非对称花纹和定向花纹。

① 纵向花纹（图 5-1）：纵向花纹的特点是胎面纵向连续，横向断开，即花纹沟方向与圆周方向一致。拥有这种花纹的轮胎行驶摩擦力小，高速行驶时的操控性、稳定性较好且噪声较小，但其驱动力和制动力相对横向花纹的轮胎差。纵向花纹适用于路况较好的道路、高速公路。多应用于轿车、客车、卡车及轻卡车的导向轮。

② 横向花纹（图 5-2）：横向花纹的特点是胎面横向连续，纵向断开，即花纹沟方向与圆周方向垂直。拥有这种花纹的轮胎行驶摩擦力、驱动力及制动力都较大，耐切割性能好，但易发生磨损且噪声较大。横向花纹适用于各种恶劣路况。多应用于轻型卡车、农业车辆、矿山车辆及较大型卡车或客车的后轮。

③ 混合花纹（图 5-3）：混合花纹是介于纵向花纹和横向花纹之间的一种过渡性花纹。其特点是胎面中部具有方向各异或以纵向为主的窄花纹沟槽，而在两侧则以方向各异或以横向为主的宽花纹沟槽。胎面中央的纵向花纹，提供了良好的操控性能并防止侧滑；胎面两侧的横向花纹，提供了良好的牵引性能和制动性能。混合花纹适用于卡车、客车及轻卡车。

图 5-1 纵向花纹

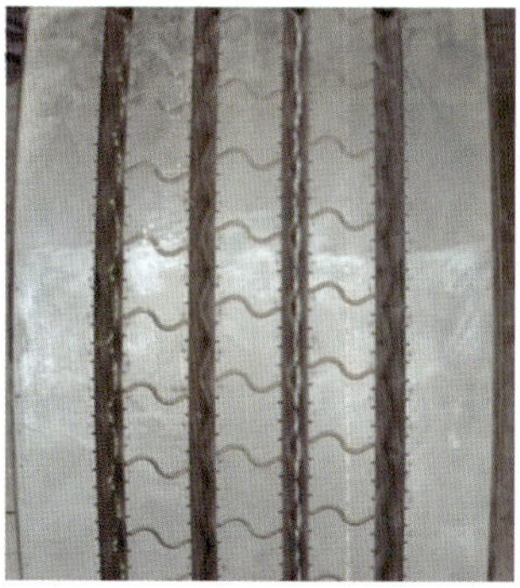
图 5-2 横向花纹

图 5-3 混合花纹

④ 块状花纹（图 5-4）：块状花纹的特点是花纹沟之间都相互连接，而花纹以块状规则排列呈独立的花纹块结构。拥有这种花纹的轮胎在雪地和泥泞道路上具有优越的制动力及驱动力。块状花纹适用于雪地及泥泞道路。多应用于轿车及商用车的驱动轮。

⑤ 非对称花纹（图 5-5）：非对称花纹的特点是胎面左右两侧花纹形状不同。由于汽车转弯时增大了外侧花纹的着地压力，拥有这种花纹的轮胎在高速行驶时具有良好的转弯性能，且提高了外侧花纹的耐偏磨性能。此花纹轮胎在安装时必须注意区分内外侧方向。多应用于竞技用车和高性能车辆。

⑥ 定向花纹（图 5-6）：也叫单导向花纹。与块状花纹类似，定向花纹的花纹沟之间也都相互连接，呈独立的花纹块结构。拥有这种花纹的轮胎具有卓越的

图 5-4 块状花纹

图 5-5 非对称花纹

图 5-6 定向花纹

制动性能，适合于高速行驶；其优秀的排水性能，使得车辆在雨天行驶时具有良好的稳定性。但是这种轮胎容易磨损，且轮胎的安装位置必须与车辆的行驶方向相同。定向花纹在农业机械、乘用车、商用车的驱动轮上均有广泛应用。

部分车辆在特定的条件下使用，还可能对轮胎有特定的要求。此外，轮胎经过使用、修补、翻新后性能有所下降，只能适应一定的使用条件，因而更应结合相关规范认真选配。

5.2 轮胎的使用

5.2.1 保持轮胎的规定气压

适当的气压就是轮胎的生命，保持正确的气压至关重要。

轮胎的负荷能力与它的充气压力是相对应的。轮胎的附着性能、缓冲性能、耐磨性能等都需要在负荷量与负荷能力相适应时才能充分体现出来。近年来，针对这一问题，国家颁布了各种轮胎在不同负荷下的充气标准，所以我们应按现行国家标准中所规定的“气压负荷对应表”的气压给轮胎充气。充气后，还应检查各部位是否漏气，如发现漏气应及时修理。

轮胎在使用中必须保证气压正常。要做到定期检查轮胎气压；长时间停车时，前后轴必须架起；双胎并装时，两胎的充气压力应一致，不能一个气压高，一个气压低。轮胎气压偏高，易造成轮胎磨损不均匀，使轮胎的中间部分过分磨损；而气压偏低，轮胎易变形、碾坏，会过分磨损轮胎的两肩（表 5-1、表 5-2）。

表 5-1　不同充气情况接地痕迹

气压不足	适当充气	过度充气

轮胎屈挠异常，增加生热； 轮胎内部组件永久损坏，影响气密性； 异常磨损，导致轮胎使用寿命降低； 轮胎磨损加速，尤其是胎肩的非正常磨损； 钢丝帘线被切断，易与橡胶脱离； 胎侧容易破裂； 耗油量增加	适当的气压可实现轮胎与路面完全接触，充分发挥轮胎性能	轮胎硬度增加，受外力更易损坏； 异常磨损，导致轮胎使用寿命降低； 带束层、胎体过度拉伸，引起胎体破裂； 易引起侧滑； 胎面中心加速磨损

表 5-2　负荷能力变化和充气压力补偿

速度 /（km/h）	负荷变化 /%						胎压补偿
	F 80km/h	G 90km/h	J 100km/h	K 110km/h	L 120km/h	M 130km/h	
0	+150	+150	+150	+150	+150	+150	+40%
5	+110	+110	+110	+110	+110	+110	+40%
10	+80	+80	+80	+80	+80	+80	+30%
15	+65	+65	+65	+65	+65	+65	+25%
20	+50	+50	+50	+50	+50	+50	+21%
25	+35	+35	+35	+35	+35	+35	+17%
30	+25	+25	+25	+25	+25	+25	+13%
35	+19	+19	+19	+19	+19	+19	+11%
40	+15	+15	+15	+15	+15	+15	+10%
45	+13	+13	+13	+13	+13	+13	+9%
50	+12	+12	+12	+12	+12	+12	+8%
55	+11	+11	+11	+11	+11	+11	+7%
60	+10	+10	+10	+10	+10	+10	+6%
65	+7.5	+8.5	+8.5	+8.5	+8.5	+8.5	+4%
70	+5	+7	+7	+7	+7	+7	+2%
75	+2.5	+5.5	+5.5	+5.5	+5.5	+5.5	+1%
80	[0]	+4	+4	+4	+4	+4	0
85		+2	+3	+3	+3	+3	0
90		[0]	+2	+2	+2	+2	0
95			+1	+1	+1	+1	0
100			[0]	0	0	0	0
110				[0]	0	0	0
120					[0]	0	0
130						[0]	0

关于正确保持轮胎气压的几点提示。

① 按现行国家标准中所规定的“气压负荷对应表”的标准，使用气压的公差范围应符合表 5-3 的规定。

表 5-3　气压公差范围

轮胎类型	公差 /kPa
轿车轮胎、摩托车轮胎	± 10
载重汽车轮胎	± 20
工程机械轮胎、农业轮胎、工业车辆充气轮胎	± 30

② 正常情况下，轮胎平均每月会下降 3% ～ 5% 的气压，而且轮胎气压随温度的变化而改变，温度每升 / 降 10℃，气压也随之升 / 降 0.3% ～ 0.5%；充气泵等气源的压力所表现的气压数据不代表轮胎内的实际气压；轮胎气压必须在轮胎冷却时测量，而且测量后务必将气门嘴帽盖好。

③ 应养成经常使用气压表测量轮胎气压的习惯，而非依靠肉眼判断。每月应至少检查一次气压（包括备胎），备用轮胎的气压要充得相对高一些，以免日久跑气。

测量轮胎气压时应注意以下两点。

第一，检查气压应在汽车行驶之前，而不能在汽车行驶后。这是因为汽车行驶以后，轮胎的空气会因为热而发生膨胀，使气压上升 10% ～ 20%，所以这时测得的气压是不准确的。

第二，热胎不能马上充气或放气。热胎内的空气温度很高，这时如果往胎里充气（凉的），会使胎内部某个部位温度突然降低，从而影响轮胎内部结构的性能。热胎放气时，也会因为突然收缩等因素而破坏轮胎的性能。所以，不要在热胎状态下充气或放气。

④ 在进入高速公路行驶之前，一定确保轮胎气压准确，从而提高行车的安全保障。

⑤ 同一车轴上的轮胎应保证花纹、规格等完全相同，而且应该充相同的气压，否则会影响车辆行驶和操控。

⑥ 如发现轮胎气压低于标准 20%，临时补气只能作为紧急情况下的应急措施，其无法从根本上解决问题，必须尽快到附近的轮胎修理店将轮胎拆下来，由专业人员进行检查。

5.2.2　禁止超载

轮胎应按规定负荷装载，不得超过标准载荷，并注意载荷分布要均匀。

① 轮胎的负荷是根据轮胎的结构、帘布层数的强度以及使用气压和行驶速度等因素，经过计算才确定的。每一条轮胎上都规定了它的最大额定负荷和相应气压，因此，在使用轮胎时，要严格按照轮胎上所规定的负荷使用，严禁超载。

② 轮胎一旦超负荷使用，胎体帘线会因所受应力增加，使轮胎弹性降低，动负荷增大，胎体变形增大，屈挠加剧，导致生热量变大，从而加速橡胶等材料老化，造成胎面异常磨损、肩空、脱层、趾口爆破等。

③ 车辆装载货物应分布均匀，要使车辆所有的轮胎都均匀负荷，否则会造成各个轮胎磨损不均，承载较重的轮胎会加速磨损，从而缩短轮胎的使用寿命。此外，层级高、负荷大的轮胎不宜高速行驶。

5.2.3 合理掌握行车速度

在车辆轮胎的使用条件中，速度与负荷具有同等重要的意义，在某些情况下速度则更重要。轮胎行驶速度不得高于在特定载荷及充气压力下的推荐速度。

① 汽车高速行驶时将使轮胎的动负荷增大，胎体屈挠变形增加，胎温升高快，强度有所下降。在路况良好的道路上行驶，要适当控制车速；在路况不良的路上行驶，要降低车速；在路况较差的道路上行驶，更要缓慢通过，这是预防轮胎损伤的必要措施。

② 各种轮胎有不同速度级别的限制，禁止超速驾驶，尽量减少急刹车、急转弯，避免轮胎撞击物体，特别是尖锐物体。如果经常采用急加速、紧急制动和急转向等不良的驾驶行为，则会造成胎冠的不均衡磨损，从而缩短轮胎的使用寿命。这也是造成胎冠剥离、纵向花纹撕裂、轮胎爆裂的主要原因。转向时速度过快，不仅会造成轮胎的急剧变形，内部温度快速上升、帘布疲劳，使轮胎处于容易爆裂的危险状态，而且还容易发生打滑，引发交通事故。

③ 轮胎一旦升温过高应及时采取措施，停车自然降温，以防胎体爆破。速度级别高的轮胎与轮辋总成必须定期进行动平衡检测、配重和校正。

④ 在高速公路行驶时，一方面应在行驶道上行驶；另一方面应用双手握方向盘。雨天行驶时更应如此，以免方向突然失控。一旦发生爆胎，应该冷静地紧握方向盘，不要猛踩刹车，以免发生侧滑。

5.3 轮胎的装配与拆卸

5.3.1 安装前的准备

安装前，首先应先彻底检查轮辋总成是否有裂痕、弯曲、凸缘、侧环变形等，同时还应检查螺栓孔。如果有发现任何异常情况，应弃用该轮辋。轮辋座应保持清洁，而且没有锈蚀、毛边、焊缝、敲痕或其他损坏（图 5-7）。确认轮胎安装在正确尺寸及类型的轮辋上。轮辋、轮圈及各组件应保持清洁、状况良好。

装胎前，还应确认轮胎状态，胎圈部位不得有变形、弯曲、口窄、外伤等缺陷（图 5-8）。

图 5-7　检查轮辋

图 5-8　装胎前检查轮胎

5.3.2　无内胎轮胎与轮辋的装配

① 将专用润滑剂均匀地涂刷在轮胎的胎唇、轮辋、胎圈及轮辋边缘上。

安装轮胎时，务必使用正确且经检验合格的润滑剂。切勿使用防冻剂、硅胶或石油基润滑剂。不要让过多的润滑剂漏入并积聚在轮胎内侧（图 5-9）。

② 将轮胎两侧胎圈跨过装拆机的装拆支架。

③ 利用装拆机转动轮辋，使用专业撬杠将两侧胎圈完全装入轮辋。

④ 取下气门嘴帽，充入适当的压缩空气，再次确认各种部件完全安装好后，

正确地装上气门嘴帽。

图 5-9　正确使用润滑剂

⑤ 对轮胎与轮辋总成进行动平衡测试，并在其轻点部位的轮辋处添加适量的平衡块。

⑥ 检查轮胎和轮辋的装配情况，确保各部件安装到位，保证充气安全。

注意事项：

① 装胎前应检查轮辋是否有变形和裂缝。装胎应将轮辋表面及胎圈底座沟槽部分的铁锈和其他杂物除掉。

② 拆装轮胎应使用胎圈脱卸器或轮胎拆装机，不应硬撬、硬砸以免损坏胎里及胎圈的密封层。为安装方便，可用专用润滑剂涂抹胎圈底部和轮辋圈座，但不应使用如润滑脂类等可能影响轮胎质量的润滑剂。

③ 拆装时应使用专用工具或器械。

5.3.3　有内胎载重轮胎与轮辋的装配

① 检查轮胎胎里有无异物，清除外胎内腔和内胎表面上的杂物。

② 把内胎平放在轮胎上，气门嘴杆须朝上。

③ 将内胎折叠起来并放入外胎内，打开内胎，并将内胎展平，摘下气门嘴保护盖。

④ 将垫带套进内胎的气门嘴杆上，将垫带平整地套进内胎与外胎之间，确保垫带边缘没有起皱或折叠。

⑤ 再次确认垫带的装配位置是否正确。将轮辋平放在木座架上，检查轮辋

规格型号是否与轮胎匹配，检查轮辋是否有变形与损伤，避免导致轮胎早期损坏。将不含腐蚀性物质的润滑剂均匀地涂刷在轮辋胎趾及轮缘边上，将轮胎装到轮辋上，并把气门嘴装进轮辋气门槽内，将挡圈（即压环）嵌入槽内。

⑥ 确定所有组成部分均安装正确且相互匹配，将内胎气门芯取出，给予内胎适当的压缩空气，用木槌敲打轮胎胎侧圆周，使轮胎与轮辋配合更加紧密。

⑦ 再次确认各组件已完全安装好之后，按标准气压充气，胎圈部位装配线应全部露在轮辋外。最后正确地装上气门嘴，检查是否漏气。

注意事项：

① 轮胎必须装配在标准所规定的轮辋上，轮辋不能有变形、锈蚀、失圆、裂纹、漏焊、烧穿、焊缝不平或疏松起刺、锐边等现象。

② 同一车轴上应装配“八同”（见第 5.1.1 节）的轮胎。

③ 装配定向花纹轮胎时，应使轮胎的旋转方向与车辆行驶方向一致。

④ 换装新胎时，应尽量做到整车或同轴同换。

⑤ 拆装时应使用专用工具或器械。

5.3.4　工程轮胎与轮辋的装配

① 检查轮辋、锥圈、挡圈有无裂缝及变形，清除部件上的污垢，为组装轮胎做准备（清理轮辋表面的铁锈，轮辋的锁圈槽与密封圈槽应清理得非常干净）。

② 对要安装的轮胎，清除胎里积水以及杂物。

③ 对轮胎的上下胎圈均匀地涂抹轮胎专用润滑剂。

④ 将轮胎套在轮辋上。

⑤ 把清理干净的挡圈、锥圈套上，并在锥圈上均匀地涂抹轮胎拆装剂。

⑥ 将密封圈装入密封槽内，要把密封圈完全嵌入槽内，松紧度要均匀。

⑦ 最后将锁圈装入锁圈槽内。

⑧ 充气气压应是轮胎厂家推荐值。充气后把充气气压写在轮胎上，24h 后应再次复查气压，以确定轮胎是否漏气。

对于实心轮胎的装配，还需另外注意：实心轮胎与充气轮胎不得同轴混装；实心轮胎的装配和拆卸只能由具备必要装备和技能的专业人员进行，非专业人员装卸可能导致人员伤害及对轮胎和车轮隐蔽的损伤；为避免轮胎胎圈底座损伤，应将轮胎同心地安装在轮辋上并与轴平行；只允许使用轮胎制造商推荐的轮辋型号。

其他注意事项或警告：

① 装配轮辋与轮胎危险性较高，须由经过专业培训人员使用适当工具并按照正确的步骤完成。装配前，务必确认轮胎未受损且轮辋部件无磨损、损坏。

② 禁止使用易燃材料对轮胎进行润滑、密封。

③ 避免轮胎与轮辋不匹配的情况，不匹配的轮胎与轮辋组件可能会导致爆

胎，造成人身损害或伤亡。装配前务必确认轮胎与轮辋完全匹配，否则切勿组装。

④ 切勿在热胎状态下放气 / 补气，应在冷胎状态下检查胎压，即车辆停止最少 3h 以后。

⑤ 在安装部件以重新使用之前，务必将轮胎从轮辋上拆下，并对轮胎和轮辋进行全面检查。

5.3.5 换胎技巧

① 将备胎、工具取出后，随即着手拆下损坏的轮胎。注意在撬起轮辋中心轮盘上的盖子时，不要刮花盖子表面。

② 将盖下的螺母用摇把摇松。有时螺母因过紧、锈蚀或其他原因，以致用尽全力也难以将其卸下，甚至会因用力过大导致损坏扳手，这时可用破布或手套蘸少许易燃的油脂，放于难以拧下的螺母处点火烧一下，趁热用扳手轻轻一扳，先上下，后左右，摇松螺母，即可旋下螺母。当然，此办法也可用于其他难以拆卸的螺母。不过，此法仅限急用，且千万要注意防火安全。

③ 在地上铺一块抹布，放上千斤顶，准备顶起车身。上一步先摇松螺母再顶起车身，是为了避免轮胎离开地面后卸螺母时很难找到受力点。抹布的作用是防止千斤顶打滑。

④ 将千斤顶与车身切合，厂家预先设置的凹槽是全车的最佳受力位置。

⑤ 升高车身。注意有些千斤顶的额定载荷并不大，操作者不能趴到车身下，确需如此，就必须使用托架等牢固地加以固定。此外，操作者的手也不要放在千斤顶靠近车身的那一侧，防止千斤顶打滑之后发生意外。

⑥ 车身升高后，操作者可将螺母完全卸下来，仍然保持对角操作，先上下，后左右。

⑦ 取出螺母后，就可将轮胎卸下来，然后两手托住备胎将其平稳地与轴承切合。

⑧ 一手扶稳备胎，一手将螺母重新塞入原来的位置，然后，用摇把将其上紧，对角操作，先上下，后左右。上紧后再摇半圈。但不可强用力，以防千斤顶打滑。

⑨ 降下千斤顶，将车身放低，轮胎着地，取出千斤顶。

⑩ 对角拧紧螺母，可用脚踩摇把，反复几次，以将空位填满；否则以后车辆行驶时，车轮就会摇摆不定。最后，装上盖子，收拾工具。

注意：在拆装轮胎后行驶约 20km，应停车检查螺母是否有松动。

提示：平时应定期给备用轮胎充气。另外，换上备用轮胎后，应尽快将损坏的轮胎修好以替换，如不能修复，要及时更换新胎。

5.3.5.1 调整气压

轮胎复位后继续充气至较高气压（不能超过最大气压），使其充分伸展、复位，然后将气放掉再重新充气，达到标准气压。

5.3.5.2 检查

安装后仔细检查轮胎胎圈的复位状态（参照防水线），进行动平衡检测，最后不要忘记安装气门嘴帽。所有气门嘴都必须安装能够密封气压的气门帽。安装后，检查总成是否漏气。总成安装到车辆上时，务必确认气门嘴没有碰到制动鼓或车辆的任何机械组件。

5.3.5.3 部分注意事项

轮胎必须由经过培训的专业人员进行安装拆卸，安装与拆卸时必须使用专用的器械。轮胎 / 轮辋组合体必须经过平衡校正。轮辋的变形和不匹配会造成胎圈部位的不正常磨损和胎圈爆裂。

因无内胎轮胎为保证气密性，轮胎着合直径较轮辋直径有一定的过盈量，装胎时如不涂润滑剂，势必增大装胎阻力和初装充气压力，不仅易损坏胎圈，影响气密性及使用性能，而且易引起安装爆胎。

初装压力过大或充气速度太快，同样会产生爆胎的危险。这是因为在装胎时，初装压力过大或充气速度太快均会影响轮胎的平行缓冲复位。在充气过程中，如胎圈相对于轮辋发生歪斜，致使钢丝圈处于非正常的拉伸状态，当压力升到一定值时，胎圈的复位速度非常快，并随之发出很大的响声，此时钢丝圈受到的冲击载荷会是正常工作状态下的若干倍，在此状态下极易发生爆胎。

为卡车或客车轮胎充气时，应使用延长型充气器，务必使用安全笼（见图 5-10 和图 5-11）。充气时，切勿站在轮胎上方或气阀前方。完成充气前，应仔细检查总成是否有漏气的迹象。

图 5-10　卡车或客车轮胎充气时所使用安全笼示意图

图 5-11　工程机械轮胎充气时所使用的安全笼

5.4　轮胎的换位

轮胎要按标准方法做到定期换位，以使每一条轮胎都能均衡地磨损，从而达到延长轮胎使用寿命的目的。在装胎或更换轮胎的安装位置时都应检测轮体（轮胎和轮辋）平衡。轮胎换位方法常用的有交叉换位法和循环换位法。通常，交叉换位法适用于经常在拱形较大的路面上行驶的汽车，而循环换位法适用于经常在较平坦的道路上行驶的汽车。

轮胎的磨损条件是跟轮胎的安装位置有直接关系的。一般情况下，由于前后桥的分配负荷不同、驱动轮与从动轮的不同，以及路面状况差异，车辆各个轮胎的磨损状况是不同的。对于汽车前轮的轮胎，胎肩的磨损要快于轮胎中心，这是因为前轮经常要转动以改变汽车的行驶方向，所以胎肩更容易磨损。而对于汽车后轮的轮胎，胎中心的磨损则要大于胎肩。此外，前轮驱动的车种，其前轮轮胎的磨损几乎是后轮轮胎的两倍。而后轮驱动的车种，其后轮轮胎的磨损也比前轮轮胎要快很多。如图 5-12 所示。

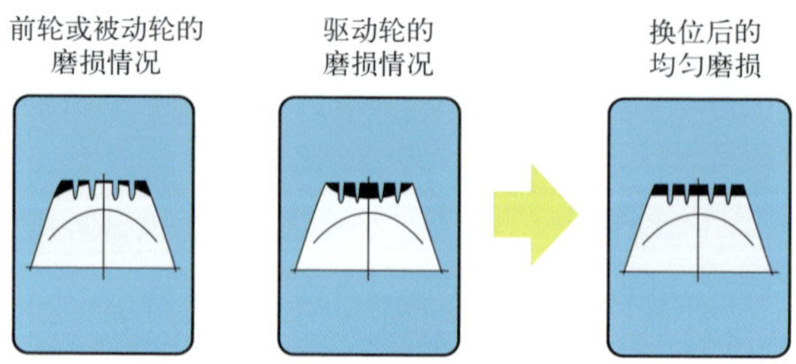

图 5-12　驱动轮与被动轮的磨损情况示意

为了改变不规则、不均衡的磨损现象，获得更好的轮胎使用效果，更换轮胎的安装位置是最好的方法。不同驱动类型的车辆，其轮胎更换的方案也有不同的推荐方案，如图 5-13 所示。

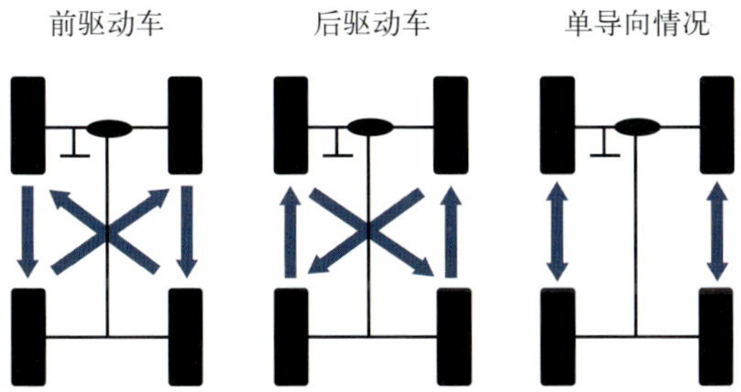

图 5-13　轮胎更换方案

5.4.1　轿车轮胎

轿车子午线轮胎通常每行驶 8000 ～ 10000km 进行一次换位并检测平衡。

5.4.2　载重汽车轮胎

载重汽车子午线轮胎要根据实际行驶路况及轮胎实际磨损情况进行换位并检测平衡（国标建议每 12000 ～ 15000km 进行换位并检测平衡）。

5.4.2.1　导向轴

正常情况下，导向轴轮胎受转向系统影响，司机侧磨损较快。而受拱形路面影响，非司机侧轮胎更易出现磨损不平均。因此，推荐轮胎磨损至一半时进行换位。

5.4.2.2　驱动轴

受轮胎负载、外倾角及悬挂等因素影响，驱动轴内侧轮胎一般磨损更快。同时，由于花纹承受较大的驱动力，驱动轴轮胎更易发生高、低磨损，正常情况下，随着行驶里程的增加，这种现象会消失。推荐单驱车辆轮胎磨损 80% 时调换内外侧轮胎；双驱车辆磨损最快的轮胎磨损至 50% 时调换前后轴轮胎；对于高、低磨轮胎，换位前对轮胎进行翻面。

5.4.2.3　挂车轴

受拱形路面、外倾角及载荷等因素影响，挂车轴轮胎内侧胎肩可能磨损更快或不平均。在多轴挂车上，受转向时横向力及摩擦力影响，每个轴上轮胎磨损程度会出现较大差异。推荐轮胎磨损程度达到 50% 时，调换轴间轮胎并调换内、外位置；如内侧胎肩出现过快磨损，对轮胎进行翻面。

5.4.3 工程机械轮胎的换位

重型自卸轮胎应结合车辆二级保养进行交叉换位。名义断面宽度为 18.00 ～ 36.00 的工程机械轮胎，当前轮轮胎花纹深度磨去 1/3 时，应换到后轮；当后轮同轴双胎并装轮胎外直径差值在 10 ～ 18mm 时，应将双胎里、外侧轮胎相互换位。

5.5 轮胎装运和贮存

5.5.1 轮胎运输过程中的注意事项

（1）运输轮胎时应保持清洁，禁止轮胎与油类、易燃物、化学腐蚀品及其他易促进橡胶老化、变质的物料混装。

（2）搬运轮胎时不应用绳索、吊钩或吊叉直接把轮胎吊提，应使用宽度不小于 150mm 的非金属宽幅带，以免损坏胎圈。如图 5-14 所示。

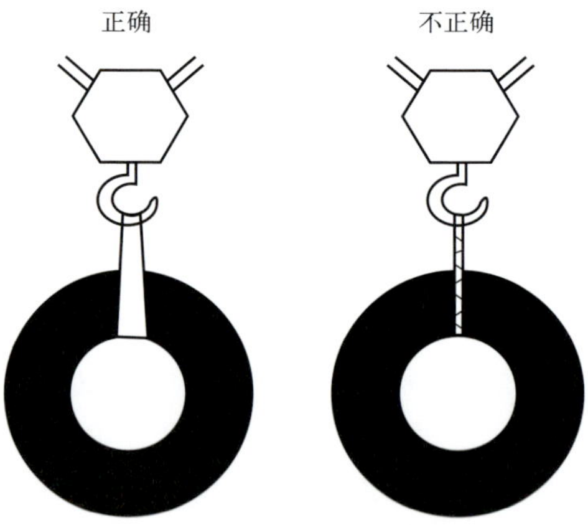

图 5-14　吊提规范示意

（3）使用叉车搬运轮胎时，宜使用抱胎方式的专用货叉，或从轮胎侧面托起，不应用货叉插入胎圈中心提升。如图 5-15 所示。

（4）对有可能损坏轮胎或胎圈的其他起吊和装卸方法，都应严格禁止使用。

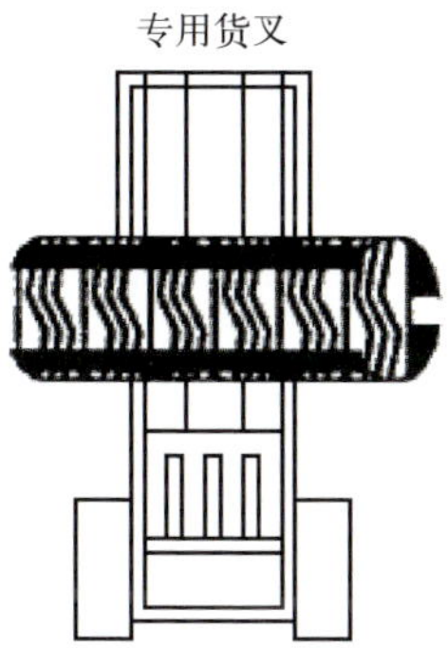

图 5-15　叉车搬运规范示意

5.5.2　轮胎贮存

（1）轮胎经验收后方可入库存放。存放时应按轮胎规格和类型分开存放，避免重压、垛码、堆压轮胎。轮胎应在存放架上立放（图 5-16），如没有存放架，也尽量在地面上立放，以免造成胎圈并口，致使充气困难（尤其是无内胎轮胎）。轮胎直立存放时，也应定期转动其支点防止轮胎变形。

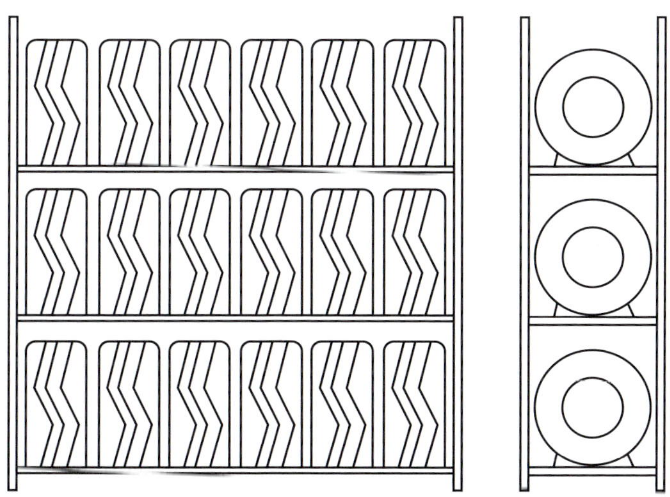

图 5-16　存放规范示意

如果确要水平堆放轮胎，则堆放时间应不得超过 30 天，叠放高度以不影响轮胎使用性能为宜。如图 5-17 所示。

（2）外胎若连同内胎存放的，须在轮胎胎腔内涂撒上滑石粉，以免内外胎粘连。内胎要少许充气，以保持外胎体形，并使内胎不至于产生褶皱、龟裂。

（3）按照“先入先出”的原则进行出库。

（4）轮胎应在阴暗室内存放，要避免阳光直射，不得露天存放，以减缓轮胎老化。若要短期室外存放，需用防水布遮盖。

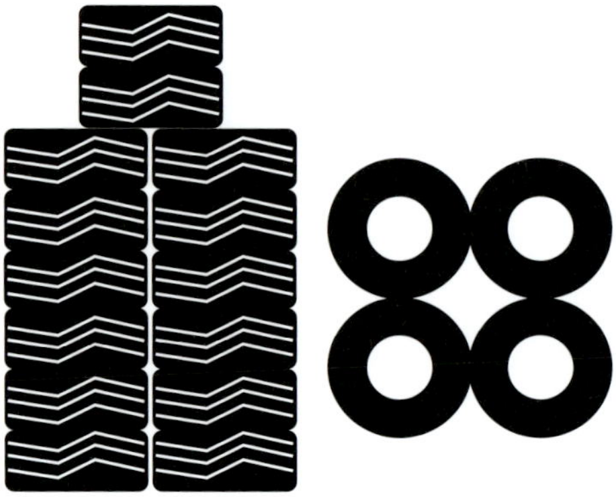

图 5-17　水平堆放方式示意

（5）避免放置在发电机、动力开关箱或其他易产生臭氧的区域。

（6）应避免高温，远离热源，防止橡胶老化。

（7）避免油污，防止轮胎橡胶遇热膨胀，也不能和强酸、碱具有挥发腐蚀作用的物质放在一起。

（8）长期不用的车辆，必须把车架起使轮胎离开地面，气压可充至标准气压的 30%。在车辆重新启动前必须充至标准气压。

（9）内胎、垫带单独存放和运输时，可以根据内垫生产厂家的包装箱、包装袋的特性堆叠存放，堆叠高度以底层的内胎、垫带不产生永久变形为宜。存放和运输要防止内胎气门嘴戳伤胎身。放在外胎里存放的内胎垫带，建议在内胎垫带上抹滑石粉。

需注意，滑石粉在轮胎装配过程中是一柄“双刃剑”。滑石粉的主要作用是帮助内胎垫带在外胎里面自然、平滑地伸展开，防止内胎垫带打褶、防止后续使用过程中因为高温而导致内垫与外胎粘接而造成拆卸困难。但另一方面，也要防止滑石粉过多、局部集中、受潮结块而导致内胎早期漏气。

5.6　轮胎的定期保养

5.6.1　轮胎的日常检查

日常使用中的轮胎，每天可能要滚动数万次到数十万圈，其不断受到冲击，甚至受到刺扎、割刮、挤压和拖拽等，随时可能造成损伤。因此必须加强对轮胎的检查，及时发现问题，及时处理。

轮胎的日常检查内容可参考如下。

① 出车前检查轮胎气压是否正常，备胎和备胎架是否紧固，装拆轮胎的工具是否齐备；载货时应检查重量是否适当，放置是否均匀，捆扎是否牢固；

② 中途停车或收车后，应检查轮胎有无漏气，轮辋螺母有无松动，靠近轮胎的弹簧片、挡泥板及其固定螺丝有无松脱，胎体有无被碰剐、刺伤痕迹，有无起鼓、离层变形，胎面花纹有无异常磨损；

③ 除去夹在双胎之间的石块，剔除嵌在花纹沟中的小石子，拔除铁钉等杂物（若拔除刺入较深的铁钉后，及时检查钉眼处有无漏气）。

5.6.2 四轮定位

原则上，轮胎的旋转方向应与车辆的前进方向一致，而承载方向应与地面垂直，但为使车辆性能更加卓越，因此设计了各种角度，当这些角度出现较大偏差时，会造成高速行驶时稳定性差，引发轮胎及汽车零件加速磨损、操控性不良、驾驶疲劳、增加油耗，甚至影响汽车行驶安全。一般当车辆发生下列情况之一时，就表示车辆四轮定位已发生了变化，需要重新校正：

① 当车辆直行时，方向盘未居中；

② 双手放开方向盘时，车辆会向左或右偏滑；

③ 轮胎磨损不正常，有严重畸形磨损的现象；

④ 车身跳动不稳；

⑤ 直行时方向盘左右晃动；

⑥ 行驶时车辆有跑偏情况；

⑦ 车辆有杂音或怪声出现等。

四轮定位涉及几个重要角度：

（1）前束角（TOE）

车轮中心线与车辆的纵向对称轴线（即几何中心线）之间的夹角关系。

正前束（toe in）：是指轮胎前端的横向距离小于轮胎后端的横向距离。正前束过大，外侧胎肩部磨耗，见图 5-18。

负前束（toe out）：是指轮胎前端的横向距离大于轮胎后端的横向距离。负前束过大，内侧胎肩部磨耗，见图 5-19。

（2）外倾角（CAMBER）

轮胎以胎面中心线为基准向内或向外倾斜的情况。

• 正外倾角：轮胎胎面向外倾斜。正外倾角过大，外侧胎肩部磨耗，见图 5-20。

· 负外倾角：轮胎胎面向内倾斜，负外倾角过大，内侧胎肩部磨耗，见图 5-21。

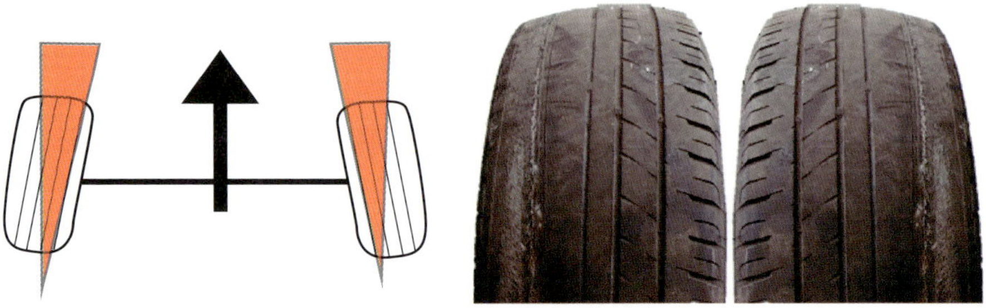

图 5-18　正前束与轮胎磨损特征

图 5-19　负前束与轮胎磨损特征

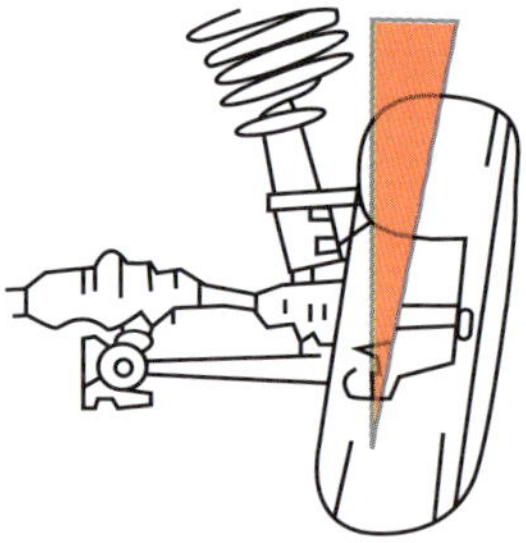

图 5-20　正外倾角

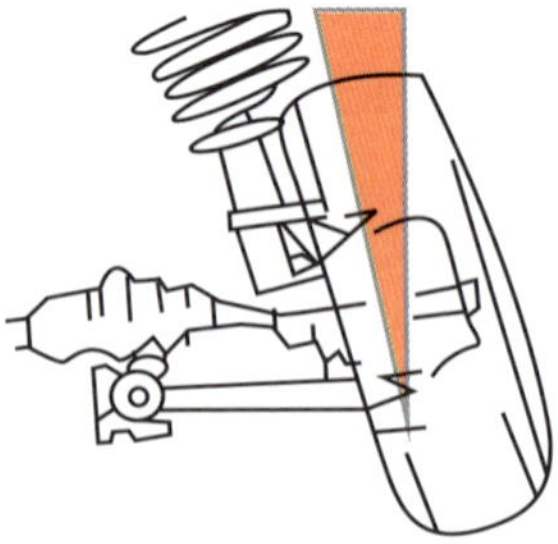

图 5-21　负外倾角

（3）后倾角（CASTER）

转向轴以铅垂线为基准向前或向后倾斜的角度。

- 正后倾角：减震器顶部向后（车尾方向）倾斜，见图 5-22。
- 负后倾角：减震器顶部向前（车头方向）倾斜，见图 5-23。

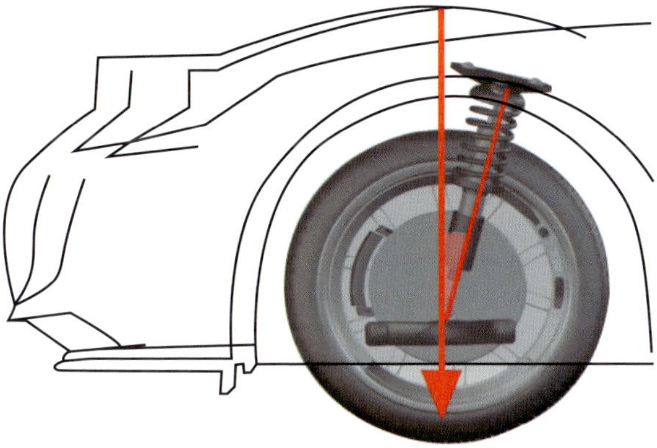

图 5-22　正后倾角

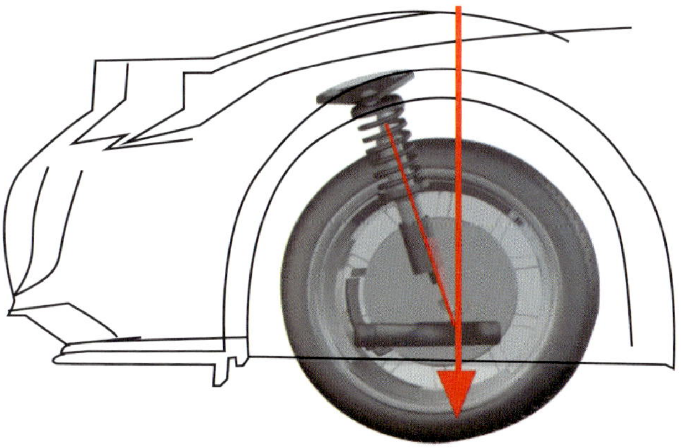

图 5-23　负后倾角

后倾角过大，轮胎遇路面不平产生跳动时，由于未有效吸收震动，轮胎胎面易产生异常磨耗（如局部磨耗、多边形磨耗、偏心磨耗等）。

如果前轮定位不正确，特别是前束调校失误，会在短期内将两前轮花纹磨平，甚至将胎冠磨穿。因此，在车辆维修保养时，必须认真检查校正上述各部件的技术状况。当发现轮胎有异常磨损现象时，要及时检查相应的部件，消除故障，保证轮胎的正常磨耗；要注意不能用锈蚀变形或尺寸不符合规定的轮辋，否则会造成趾口磨损；在更换轮辋时，要检查规格是否相同，轮辐页瓣是否一致，防止后轴并装双胎间隙过窄或轮辐页瓣不对称遮掩内胎的气门嘴，造成无法充气和检查气压。

5.6.3 定期做平衡检查

在轮辋边缘通常会看到装有一块或多块小铅块，别小看这些不起眼的小零部件，它们对轮胎的平衡起着不可或缺的作用。通过调节这些小铅块的重量及其位置分布，可弥补车轮整体上重量的分布不均，从而达到平衡车轮的目的。

轮胎平衡包括静平衡和动平衡。轮胎不平衡会使轮胎贴地性损失、轮胎异常磨损、转向及悬挂系统磨耗快、减震器寿命减短、全车寿命减短、长途开车不舒服、油耗增加。

除定期做平衡检查外，发现车辆行驶时有上下振动、左右偏摆及偏向，或方向盘抖动、转弯时抖动，以及更换轮胎或钢圈、修理轮胎或调轮时都需要做轮胎平衡检查。

5.6.4 轮胎的一级保养和二级保养

轮胎的保养要定期进行，这是避免轮胎异常磨损，及时发现和排除隐患，保证车辆正常运转的手段之一。正常的轮胎保养制度分为例行保养、一级保养和二级保养。其保养期或间隔里程一般与车辆保养同时进行。严格遵守各级保养规定的作业项目和操作规程达到完善状态，则可取得预期效果。

5.6.4.1 轮胎的一级保养

① 轮胎的一级保养，最重要是对气压的检查，使其保持正常。若发现气压过低时，说明存在慢漏气现象，应进行详细检查，及时排除隐患。补足气压后，还应进行密封性检查，以防漏气。

② 对轮胎外观、轮辋、螺母等各部件进行认真细致的检查，检查有无质量问题，有无损伤。发现不正常现象，应及时采取措施处理或向保修部门反映。

③ 要剔除胎面和花纹沟的钉刺、石子等硬质杂物，并细心观察胎体各部位有无影响安全和可能导致爆破的伤痕及伤口，如发现问题立即处理，绝不能带病使用，以保证安全性。

④ 对随车备胎和支承、紧固备胎的部件也要定期检查，以保证备胎足气，安装牢固。

5.6.4.2 轮胎的二级保养

① 拆卸轮胎前，应清除轮胎和轮辋上的尘土污物，并把工作现场的砂石、玻璃、金属等硬质碎片、颗粒等杂物及油污扫除干净。

② 对备胎进行气压检查，如有气压过于偏低者，则在拆检时要对其各部位加以详细检查，找出缺气原因，予以排除。

③ 在给轮胎放气前，应有次序地按车上装配位，在胎身和轮辋上做好标记，并顺次平铺摆放在工作场地上。

④ 拆卸轮辋时，其压环、锁环应与原轮辋摆放在较近处，不应混放。因为有时同在使用的轮辋，新旧程度不一，尺寸标准和磨损程度有差异，若混乱配装，对安全或许会有影响。

⑤ 内胎、外胎及垫带应按原装配关系分套摆放，不应混放。因为一旦发现有损伤痕迹，就易于对原有套件进行检查。

⑥ 清除内胎气门嘴垫、螺母等各部件的泥沙积垢，检查内胎有无漏气或褶皱，垫带有无啮伤或裂开。场地条件允许时，最好能把清洁过的内胎、垫带分套挂放。

⑦ 检查轮胎胎面、胎肩、胎侧及胎里有无刺穿、顶裂、起鼓、脱层、变形或老化问题，检查剩余花纹深度。对前轮轮胎更应详细检查，因为前轮对行车安全影响甚大，尤其是客车，万万不能掉以轻心。根据轮胎胎体损伤程度、剩余花纹深浅等情况，做出继续使用、更换、拆修、拆翻或定轮位、配装等正确的鉴定或决策。

⑧ 内胎、外胎及垫带在装配成套时，三者之间都应均匀撒上滑石粉。滑石粉的作用是使轮胎滚动时，减少相互之间蠕动摩擦，预防轮胎升温过高而导致互相粘连。充气前认真检查轮辋锁环是否安装吻合。为了人身安全，必须在轮辋辐板孔穿入保险铁棒，有条件的可将轮胎放入防护罩内，然后充入少量压缩空气，让内胎充分舒展，胎圈与轮辋凸缘贴紧，视一切正常后再二次充气至标准范围。充气人员不得在轮胎与轮辋组合体的侧面，最好离开轮胎一段距离，绝对不能麻痹大意，以防发生伤亡事故。充好气后，应用肥皂水检查气门嘴处是否漏气，如漏气，应及时返工。

⑨ 轮辋除锈（包括压环、锁环），也是二级保养作业中一项必要的工作。除锈后的轮辋表面平整可以减轻轮胎胎圈、内胎及垫带等接触部位的蠕动摩擦损伤，更主要的是在除锈后可能会发现裂纹，便于及时修理或更换。如果轮胎已发现有偏磨、倒角等异常磨损现象，应检查轮辋的偏摆度及不同心度。

⑩ 轮胎的换位。车辆前、后轮胎由于运转时所承受的负荷各不相同，如前轮主要操控方向，故须承受较多的横向摩擦力，并且作为驱动轮时，其磨损度也比被动轮大。而后轮一般所承受的摩擦力以纵向为主，所以为避免轮胎受单一方向的磨损，定期适时的交换轮胎的位置，才能使轮胎磨损均衡。根据外胎胎体的实际情况进行调位（即调换配装位置、滚动方向），这是减少以至消除轮胎偏磨和胎肩单边疲劳过度的措施，也是一项延长轮胎使用寿命和提高翻新率的必要工序。轮胎调位的方法有多种，须区别具体情况而定。如果是整车换胎位的，可采用“交叉循环调位法”；属于新旧胎混装的，一般是新胎或较好的轮胎固定装前轴，稍旧或翻修胎固定装后轴，只采用左右调位，内外调位等办法，同时注意改

变其滚动方向。

二级保养作业时应做好轮胎小修、小补工作。

二级保养车辆的备胎及其装置机件的保养，也是一项很重要的作业。因为这是保障驾驶员行车途中能顺利完成任务的必备部件，所以要对它进行有效的检查、保养，防止丢失或失效。

5.6.5 其他注意事项

（1）严格遵守轮胎充气标准。严格按标准气压使用是延长轮胎使用寿命的关键。轮胎气压高于标准，会使轮胎柔软性丧失，缓冲性能被破坏，车辆行驶中跳动加剧，制动性能变差；气压过低，胎冠两边变形过大，会引起胎肩磨损加剧，胎侧屈挠点改变，产生压缩应力后，轮胎温度会逐渐升高，易使胶料的物理性能受到破坏，导致胎圈附近的钢丝帘布反包端点处周向裂开或脱空，使胎侧钢丝帘线扭曲折伤或折断，产生爆破隐患或直接爆破。

（2）及时检查气压和补气。轮胎充气后，并不是绝对密封的，即使在轮胎和气门芯完好的情况下，也会缓慢自行漏气，因此，必须做到勤查勤补。在出车前、停车时和收车后均应检查气压。收车后的检查应在轮胎降至常温后，用气压表来测量。轮胎气压表应定期检验校正，以免误差过大。为减少自然漏气，必须配齐气门帽，保护好气门嘴。

（3）正确驾驶。正确驾驶对轮胎的寿命具有极大的影响。急转弯、紧急制动、择路不佳、碰击道路上障碍物等，这些都是构成轮胎损坏的因素，不可忽视。保持车辆中速行驶就能减少轮胎升温，延长使用寿命。

（4）用专用工具拆装轮胎。轮胎需要拆卸、修补时，最好到有专用工具的商家。同时要注意，在拆下轮胎前应做好标记，以便组装时能保持原来的滚动方向。

（5）正确选配。任意混装在使用中不仅会加速轮胎损坏，还会增加传动机件的磨损和燃油消耗。

（6）定期进行轮胎换位。汽车行驶一定里程后，不同部位的轮胎就会出现不同程度的疲劳和磨损，因此，必须进行轮胎换位。对于经常在拱形较大路面行驶的车辆，建议用交叉换位法；对经常在较平坦道路上行驶的车辆，建议用循环换位法。为确保行车安全，翻新的轮胎不准用于转向轮。

（7）检查气门嘴。气门嘴和气门芯如果配合不平整，有凸出凹进的现象及其他缺陷，都不便充气和量气压。

（8）保持底盘技术状态良好。前轮定位失准、轮辋变形等都将加速轮胎磨损。

（9）定期检查轮胎的完整性。如果产生小伤、小洞，要及时修补，以免裂口扩大，这样有利于提高轮胎的使用寿命和翻新率；如果不及时修补，水分、油污会浸入胎体，钢丝帘线容易锈蚀，使轮胎的使用寿命缩短，甚至爆破。

（10）当胎面磨损到磨耗标志时，必须停止使用，及时更换。

另外要注意：

（1）检查轮胎气压应在常温下进行。

（2）无内胎轮胎被异物刺穿轮胎后不急于拔出。

（3）无内胎轮胎不应加装内胎使用。由于对无内胎轮胎的结构、性能认识有偏差，认为轮胎经常缺气是由于无内胎引起的，因此，就采取加装内胎的办法弥补，这是错误的。在加装内胎后，会使内外胎之间发生摩擦，产生的热量又不易散发出去，致使工作温度升高，轮胎耐磨性变差，大大缩短使用寿命，严重的还可能导致爆胎，这对于高速行驶的汽车来说是极其危险的。

（4）轮胎温度升高后禁止泼水。因为泼水将使轮胎骤然冷却，各部分收缩不均，极易发生变形，出现裂纹。

（5）轮胎温度升高后禁止放气。无内胎轮胎在正常情况下轮胎温度是较低的，但在汽车行驶时轮胎气压增高（胎温上升的结果），如果这时放气虽然气压暂时下降，但胎温并未降低，继续驾驶会因气压降低变形量增大，使轮胎温度继续升高。

（6）轮胎在夏季使用时，长途行驶时建议增加停车频次，降低胎体温度。

（7）在冬季使用时，要注意保持合理的胎压，增加轮胎与地面的接触面积，增大摩擦力，控制车速，保证安全行驶。长时间行驶于冰雪路（7℃以下），应换专用冬季胎。

对于实心轮胎还要注意：

（1）实心轮胎应间歇使用，单程连续运行距离不超过 2000m。对于单程距离更长的工况条件，应提前咨询相关技术部门。

（2）轮胎的速度、负荷应符合现行相关国家标准，空载最大速度不超过 25km/h，作业时平均速度不超过 10km/h。

（3）车辆行驶速度不得长时间超过国家标准规定的轮胎速度，否则会引起轮胎过度生热而爆破。

（4）导电实心轮胎和抗静电实心轮胎，为保持这些性能，使用时应经常保持轮胎的清洁。

第 6 章
轿车子午线轮胎病象案例分析

轿车子午线轮胎是指轮胎帘布层帘线排列方向与轮胎子午断面一致（即与胎面中心线呈 90° 或接近 90°）的轿车用充气轮胎，凭借其独特的结构设计和性能优势，已成为现代轿车的主流轮胎类型，其应用场景覆盖了日常通勤、特殊路况、特定车型需求等多个维度。

6.1 胎冠：常见质量问题

6.1.1 胎面胶脱层

特征：胎面胶之间产生脱离现象。脱离部位用手按压发软，通常脱离部位的表面比较光滑。如图 6-1 所示。

原因：制造中由于部件材料表面喷霜或有水、汽油、灰尘等杂质进入；或部件定位不当；或未压实。

图 6-1

6.1.2　胎面胶与骨架材料脱层

特征：胎面胶与骨架材料之间出现脱离，胎冠凸起。解剖后发现胎面胶与冠带加强层界面脱层，界面光滑。如图 6-2 所示。

原因：成型时未压实；冠带条与橡胶附着力较差；胎面胶与骨架材料之间有杂质遗留。

图 6-2

6.1.3　胎冠骨架材料之间脱层

特征：胎冠骨架材料之间产生脱离的现象。带束层之间脱开；带束层和胎体层之间脱开；胎体层之间脱开（两层或多层胎体）；胎冠外部有膨胀现象，内部有凸起。如图 6-3 所示。

图 6-3

原因： 部件间粘合力不足；制造过程中，部件没有压实；有汽油、水、气体等杂质。

6.1.4 胎面胶接头开裂

特征： 胎面胶接头部位开裂，胎冠胶按一定的角度斜向光滑分离。如图 6-4 所示。

原因： 接头部位有杂质渗入或胶料本身粘着不良。

图 6-4

6.1.5 胎面胶欠硫

特征： 胎面胶硫化程度低于正常硫化的状态，不限于有气泡及发黏现象。如图 6-5 所示。

原因： 成型时界面易挥发性物质未充分挥干；硫化不足等。

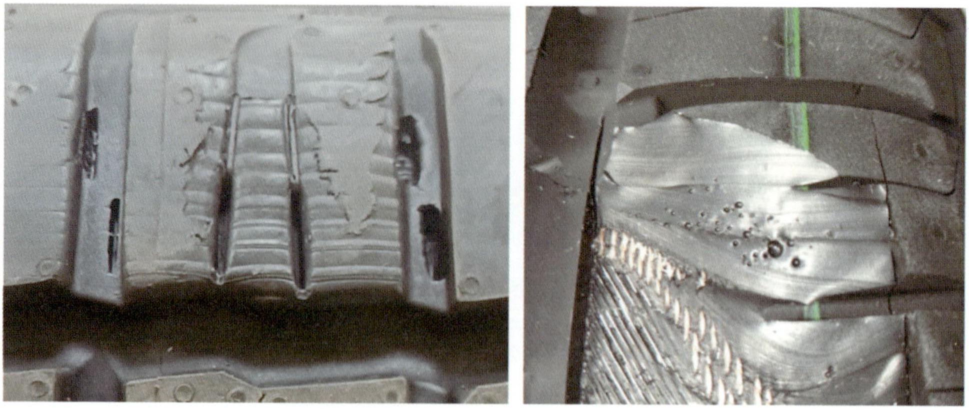

图 6-5

6.1.6　胎面胶重皮

特征： 胎面胶一层一层分离脱落的现象。如图 6-6 所示。

原因： 胎面胶料受到了污染。

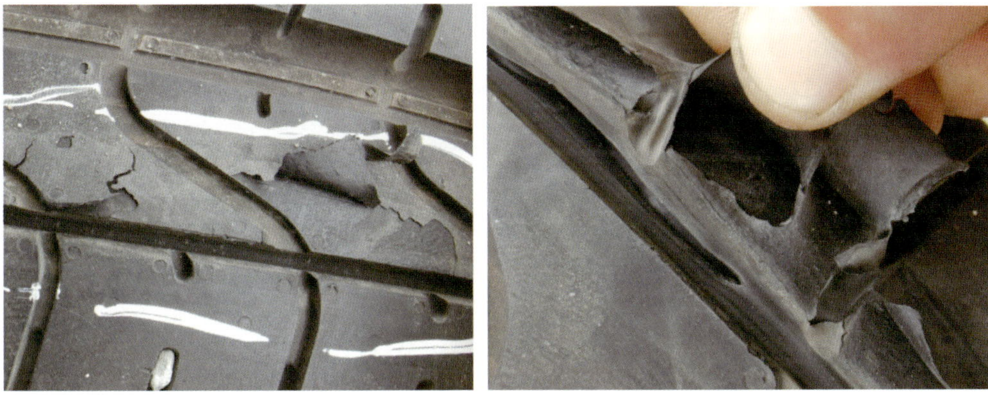

图 6-6

6.1.7　胎面杂质

特征： 胎面存在杂质。如图 6-7 所示。

原因： 胎面胶在生产或硫化过程混入杂质。

图 6-7

6.1.8　胎冠露线

特征： 胎冠花纹沟底部帘线露出的现象。如图 6-8 所示。

原因： 花纹沟底或花纹块间胎面胶 / 基部胶薄；部件定位不当。

图 6-8

6.2 胎冠：使用不当所致问题

6.2.1 胎冠损伤脱层

特征： 损伤引起胎面胶与骨架材料或骨架材料之间产生脱离的现象。外观有轻微膨胀，部分案例在脱层部位可见损伤痕迹；脱层处局部异常磨损；经解剖后可见脱层处有钢丝断裂、锈蚀现象。如图 6-9 所示。严重时可能导致轮胎爆破。

原因： 轮胎使用过程中，被异物刺扎，从刺扎孔处渗入水、泥土、气体等异物造成附着力降低，从而导致脱层；修补不良导致脱层；不良的驾驶行为，如车辆急刹等引起胎冠脱层；轮胎受外力冲击，内部有损伤亦可导致脱层。

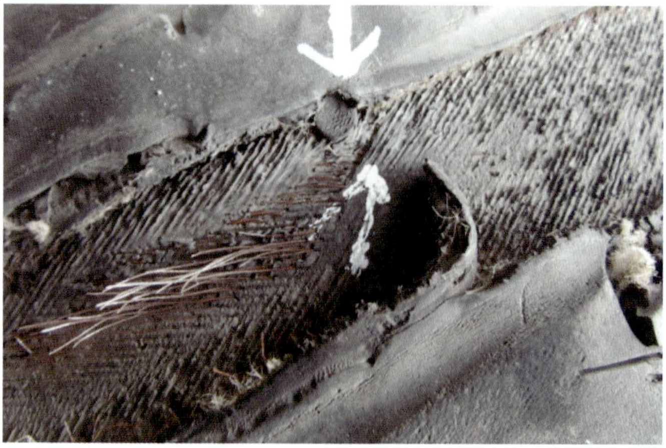

图 6-9

6.2.2　胎冠割伤

特征：胎冠有明显的切割痕迹或局部裂口，但并未出现界面间脱离的现象。如图 6-10 所示。

原因：轮胎被钉子、玻璃、碎石、铁片等锐利物割伤。

图 6-10

6.2.3　胎冠啃伤

特征：胎面胶受外力作用呈现块状脱落的现象。如图 6-11 所示。

原因：轮胎内压高，胎冠刚性增强，当在砂石路面上加速行驶或刹车时，碎石易啃下胎冠橡胶。此外，车辆原地转向，局部受力过大，轮胎选配不当，在不适合的路况行驶等都会导致胎冠啃伤。

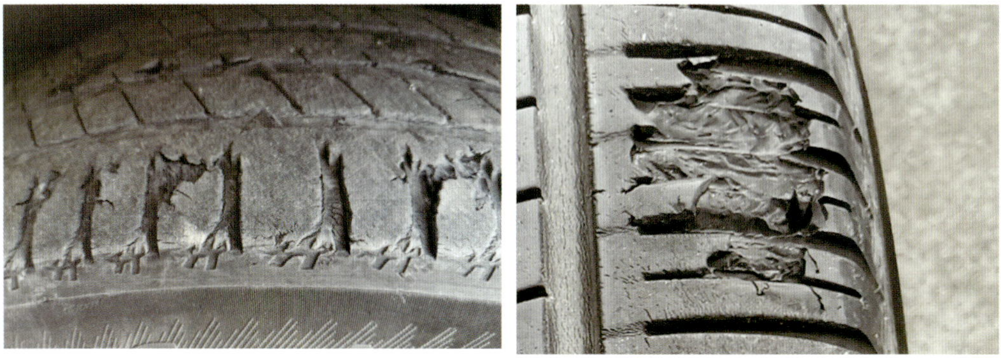

图 6-11

6.2.4 胎冠刺穿

特征： 胎冠被尖锐物刺穿的现象。如图 6-12 所示。

原因： 轮胎在使用过程中，胎冠由于受尖锐外物的刺扎、切割，造成胎冠刺穿，带束层和胎体断裂。严重时可能导致轮胎爆破。

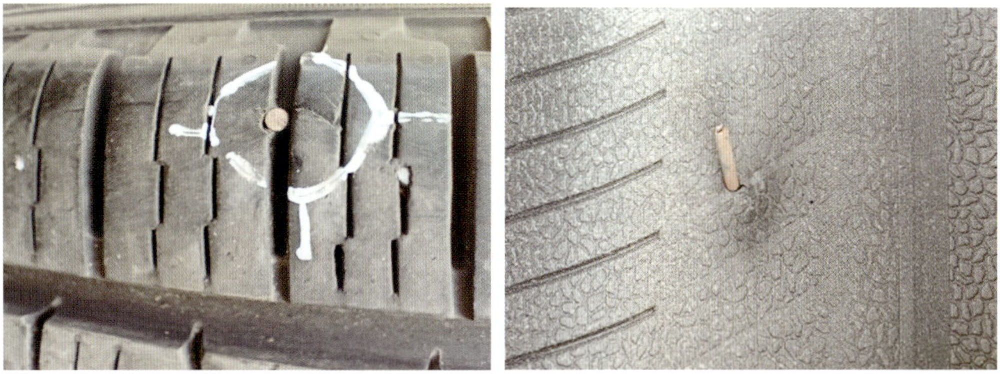

图 6-12

6.2.5 胎冠爆破

特征： 轮胎受到钝物冲击、锐物切割等，导致部件发生破裂，断面无原发脱层痕迹。如图 6-13 所示。

原因： 轮胎在行驶中受撞击或切割，瞬间漏气爆破，导致轮胎胎冠出现断裂。

图 6-13

6.2.6　胎冠单侧磨损

特征：胎冠单侧出现快速磨损的现象。如图 6-14 所示。

原因：车辆前束角或外倾角不适；频繁地急转弯；车轮长期没有换位等。

图 6-14

6.2.7　胎冠两侧磨损

特征：胎冠两侧同时出现快速磨损的现象。如图 6-15 所示。

原因：轮胎气压过低或负荷过重；转弯频率高；轮胎与轮辋搭配错误等。

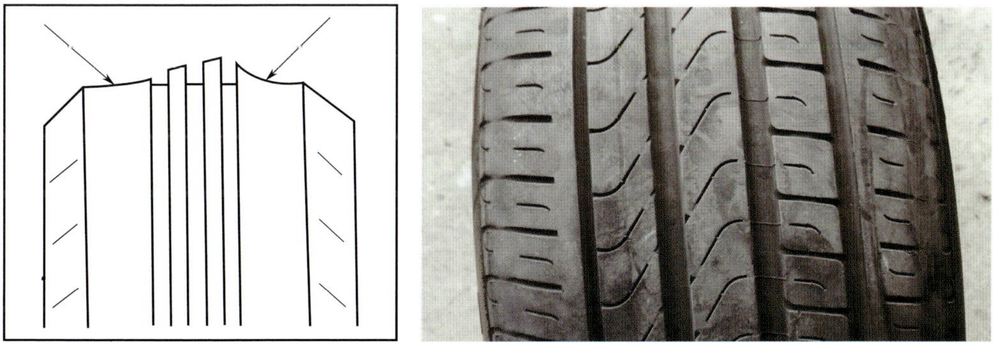

图 6-15

6.2.8 胎冠中央磨损

特征：胎冠中央区域的花纹块出现快速磨损的现象。如图 6-16 所示。

原因：轮胎气压过大；超高速行驶；轮胎与轮辋搭配错误等。

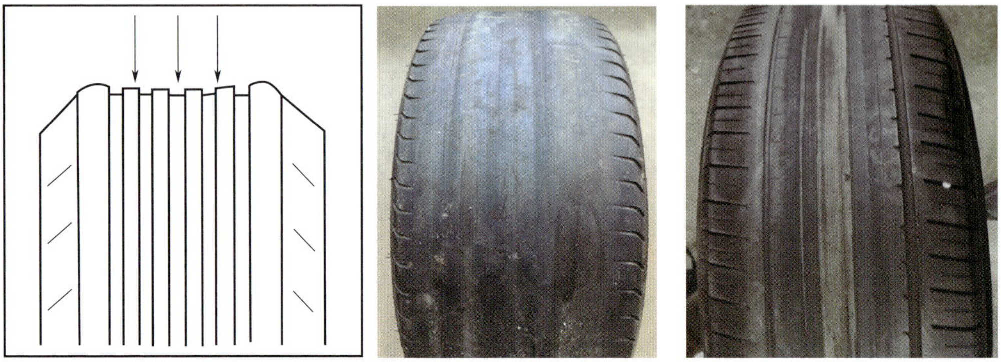

图 6-16

6.2.9 胎冠坡形磨损

特征：胎冠从一侧到另一侧呈斜坡状磨损的现象。如图 6-17 所示。

原因：车辆倾角过大；车轮长期没有换位；车辆设计不良；不良驾驶习惯；行驶路况因素等。

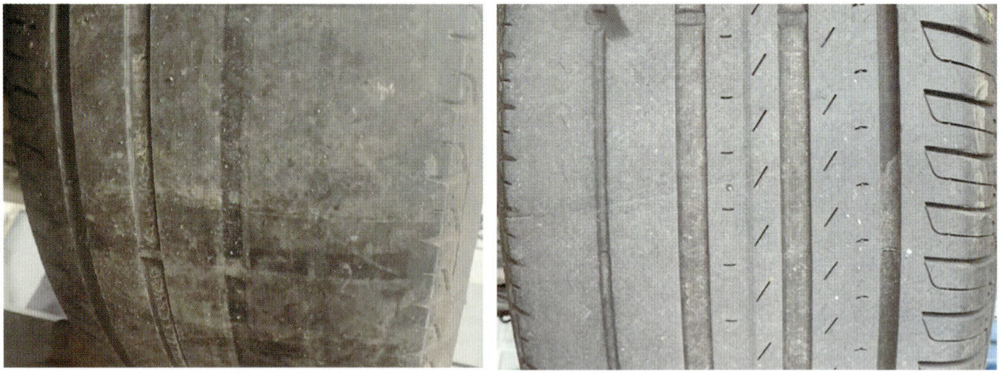

图 6-17

6.2.10 胎冠羽状磨损

特征：胎冠呈坡形快速磨损，且花纹沟槽边缘呈羽毛状的现象。如图 6-18 所示。

原因：车辆前束角或后倾角过大，造成轮胎胎面在路面上横向移动等。

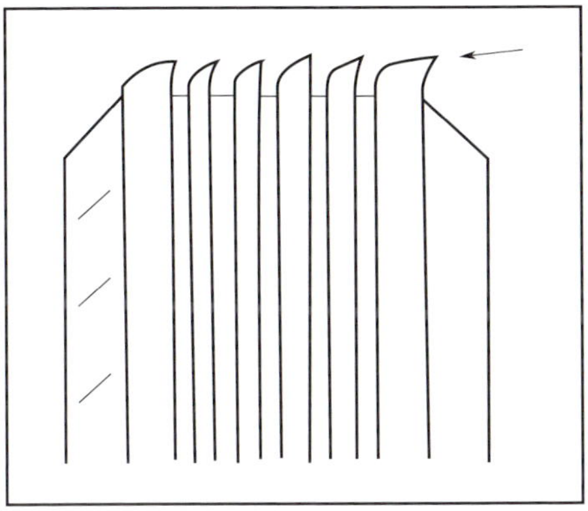

图 6-18

6.2.11　胎冠岛状磨损

特征：胎冠出现无规律的快速磨损，局部留下如同湖面岛屿凸出的现象。如图 6-19 所示。

原因：汽车底盘部件故障或松动；刹车系统故障；轮胎与轮辋安装不良或轮辋变形；车轮平衡不良等。

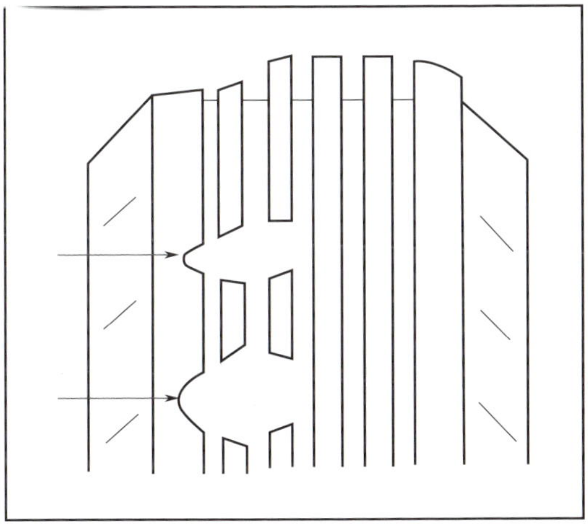

图 6-19

6.2.12　胎冠鱼鳞状磨损

特征：胎冠花纹块沿滚动方向呈现前高后低磨损的现象。如图 6-20 所示。

原因：车辆频繁启停，频繁大扭矩驱动与刹车；轮胎气压过高或过低；悬挂弹簧或减震器强度不足等。

图 6-20

6.2.13 局部磨损

特征：胎冠花纹出现局部磨损。如图 6-21 所示。

原因：轮胎局部受力异常，如急刹抱死、漂移；普通轮胎当作赛事轮胎使用等剧烈驾驶行为；轮辋变形；车轮平衡不良；胎冠胶局部受到化学品腐蚀等。

图 6-21

6.2.14 胎冠花纹沟裂

特征：胎冠花纹沟底部橡胶出现开裂现象，有时花纹块亦出现开裂。如图 6-22 所示。

原因：轮胎长期使用后，会因橡胶的自然老化过程出现裂纹；化学品腐蚀、长期高温、紫外线和臭氧暴露等；轮胎充气压力不当；轮胎长时间受力变形；夏季轮胎在低温下使用等。

图 6-22

6.2.15　平点

特征：轮胎和地面接触处变形，接触面局部压成平面，行驶时车辆抖动。如图 6-23 所示。

图 6-23

原因：由于车辆长时间停驻，轮胎与地面的接触位置产生轻微变形（失圆），这属于正常现象，但会导致车辆行驶时车身及方向盘抖动，随着行驶里程的增加，轮胎会变热并恢复原状，抖动会逐渐消失，但个别严重情况会导致永久性的变形。平点主要受环境温度、胎压、负荷、车辆停放时间等因素影响。

6.3　胎肩：常见质量问题

6.3.1　胎肩部件之间脱层

特征：胎肩部件与部件之间发生脱离的现象。如图 6-24 所示。

原因：轮胎在制造过程中，有水、汽油、灰尘等杂质进入，造成部件间粘合力不足；部件定位精度不足，造成部件移位，使用中发生应力集中；硫化时间不足。

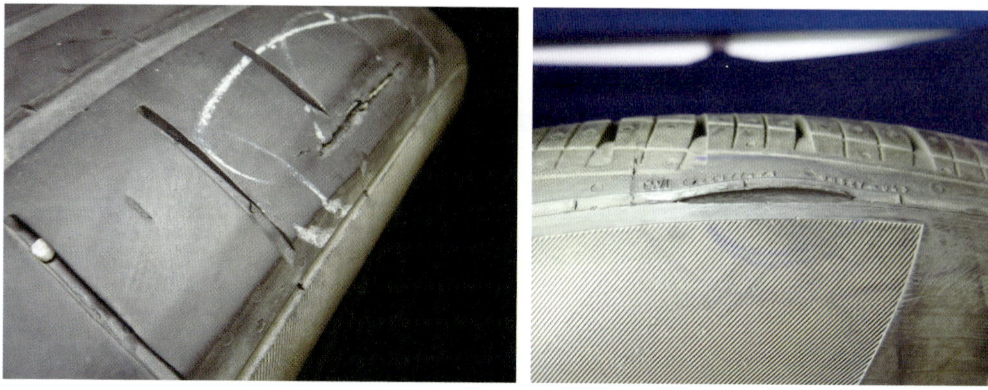

图 6-24

6.3.2 胎肩开裂

特征：胎面胶和胎侧胶接合处橡胶出现开裂的现象。如图 6-25 所示。

原因：轮胎在制造过程中，有水、汽油、灰尘等杂质进入，造成部件间粘合力不足。

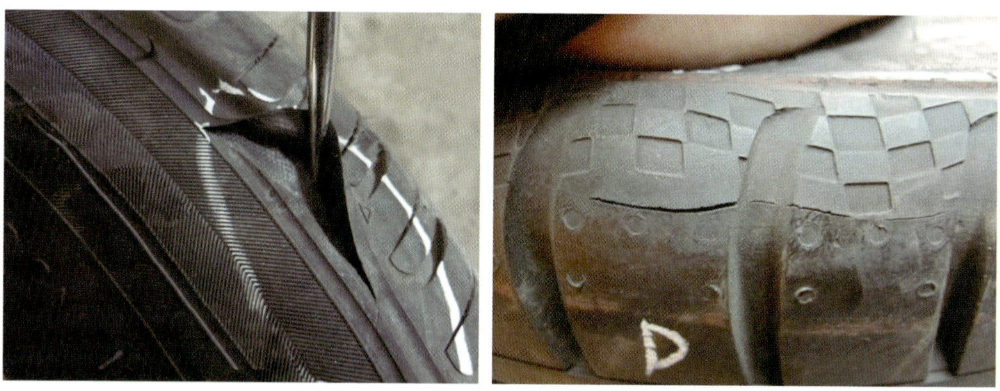

图 6-25

6.4 胎肩：使用不当所致问题

6.4.1 胎肩刺伤脱层

特征：胎肩或其相邻部位被刺扎，引起部件与部件之间脱离的现象。如

图 6-26 所示。

原因：轮胎在使用中，胎肩部位受外物刺伤，泥水、灰沙等渗入后，带束层端点生锈脱层。

图 6-26

6.4.2　胎肩割伤

特征：胎肩有明显的切割痕迹或局部裂口，但并未出现部件界面间脱离的现象（图 6-27）。

原因：轮胎在使用中，胎肩部位被锋利物割伤。

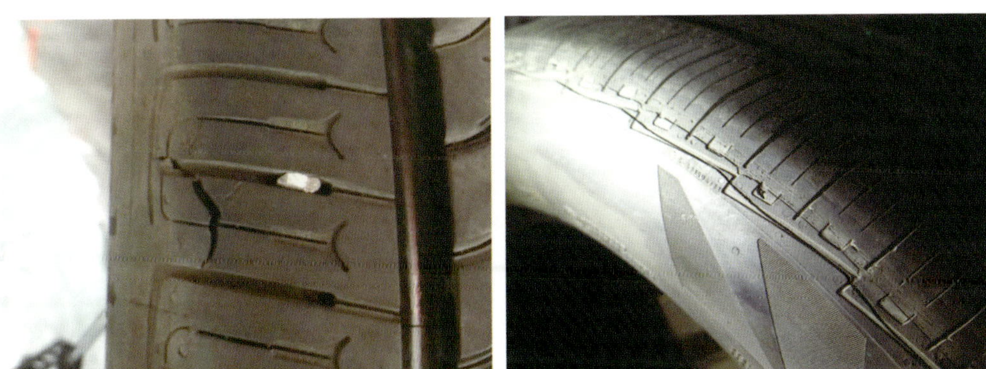

图 6-27

6.4.3　胎肩啃伤

特征：胎肩受外力作用，引起胎肩橡胶脱落的现象。如图 6-28 所示。

原因：胎肩橡胶受到不良路面（如多石子路况）的连续性挤压与横向机械切割。

图 6-28

6.4.4 胎肩刺穿

特征：胎肩被尖锐物刺穿的现象。如图 6-29 所示。

原因：轮胎在使用中，胎肩部位被路面尖锐物刺扎贯穿。

图 6-29

6.4.5 胎肩爆破

特征：胎肩受到（不限于）钝物撞击、锐物切割时，导致部件发生破裂的现象。如图 6-30 所示。

原因：轮胎在使用中，胎肩部位被路面障碍物撞击、切割导致损坏。

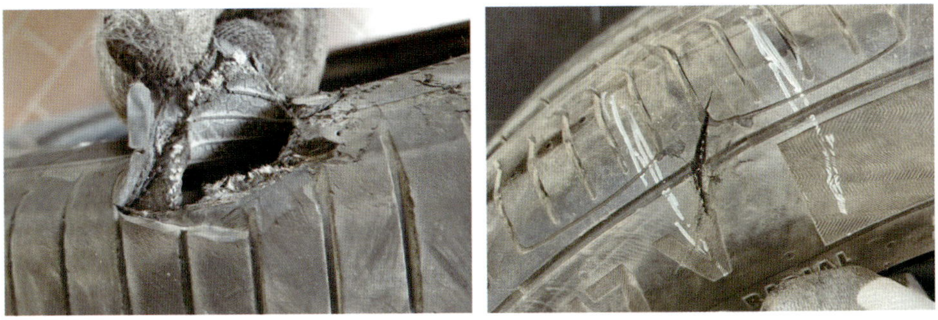

图 6-30

6.4.6　带束层端点脱层

特征：带束层端点钢丝与橡胶发生脱离的现象。如图 6-31 所示。

原因：轮胎使用过程中，局部应力过大，造成带束层端点的钢丝与橡胶发生分离，进一步扩大形成脱层。

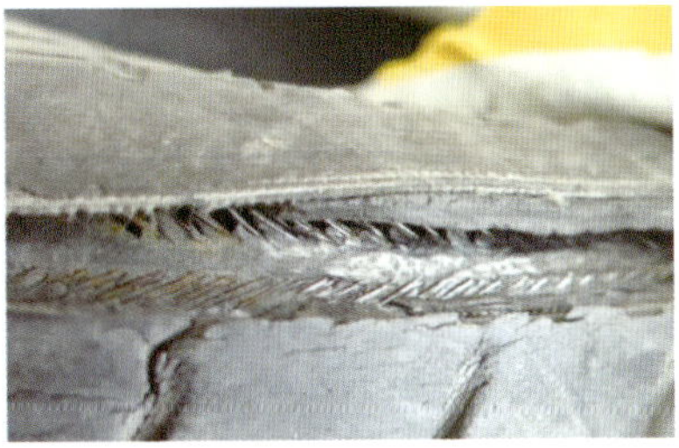

图 6-31

6.5　胎侧：常见质量问题

6.5.1　胎侧局部凹陷（侧凹）

特征：轮胎充气后，胎侧沿径向出现条形凹陷（也称束腰现象）。通常充气压力越大，凹陷越明显。如图 6-32 所示。

图 6-32

原因：半成品部件，如胎体帘线等接头搭接处相较其他位置略厚，充气形成轻微凹陷。该现象是半钢轮胎的正常现象，不影响轮胎的正常使用。

6.5.2 胎侧整周凹陷

特征：轮胎充气后，在胎侧出现一条与轮胎近似同心的环形凹陷。通常充气压力越大，凹陷越明显。如图 6-33 所示。

原因：材料间过渡不均匀造成，该位置一般为胎体的反包端点。该现象并不影响轮胎的正常使用。

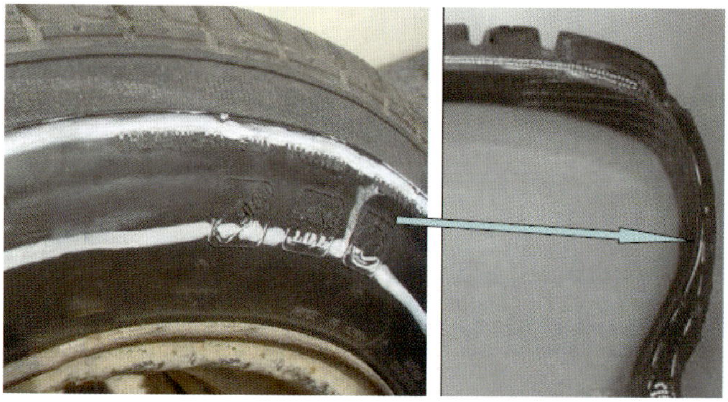

图 6-33

6.5.3 胎侧局部凸起（侧凸）

特征：新胎充气时，出现局部起鼓的现象。如图 6-34 所示。

原因：在制造过程中，因胎体材料帘布层异常拉伸或胎体接头劈缝开裂等导致。

图 6-34

6.5.4　胎侧脱层

特征：轮胎使用早期，轮胎胎侧胶与胎体脱层，或胎侧材料之间发生脱层，其脱层大部分发生在胎侧胶与胎体帘线之间，解剖后常可见胎体帘线与胶料粘合不良而呈金黄色。如图 6-35 所示。

原因：轮胎制造过程中，胎侧部位材料间粘合不良，有杂物混入；压延胶料的过程中，帘线水分太大或胶料焦烧造成帘线与橡胶附着力下降；硫化过程中，胶囊产生砂眼，蒸汽进入胎体内部。

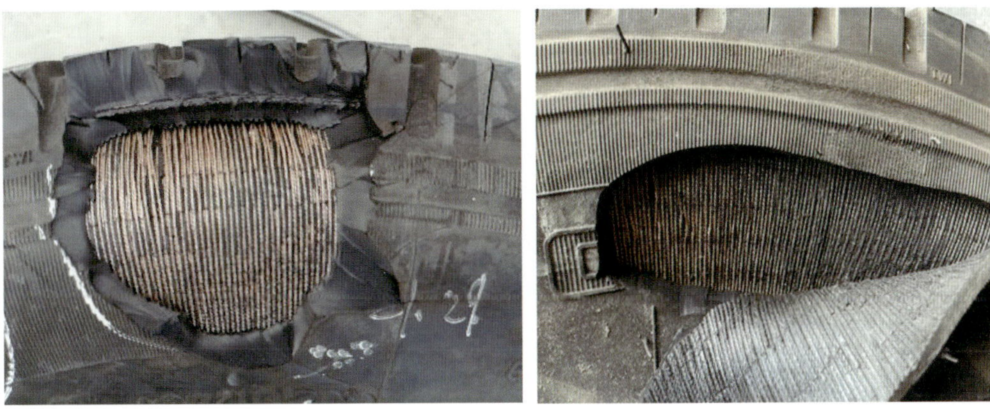

图 6-35

6.5.5　胎侧侧鼓

特征：俗称大肚子。新胎两侧出现鼓起，往往一侧正常，另一侧凸出，该情况多出现在高扁平比产品中。如图 6-36 所示。

原因：轮胎硫化后，没有及时进行后充气。

图 6-36

6.5.6 胎侧周向整齐裂口

特征：轮胎使用早期，胎侧沿圆周（基本是一个同心圆位置）出现裂口，裂口端面有一定的坡度，且界面光滑。如图 6-37 所示。

原因：轮胎制造过程中，冠部各种材料之间粘合不良。例如，“冠包侧”成型方法生产的胎坯，在硫化前喷涂过程中，隔离剂进入胎冠胶与胎侧胶的界面位置。

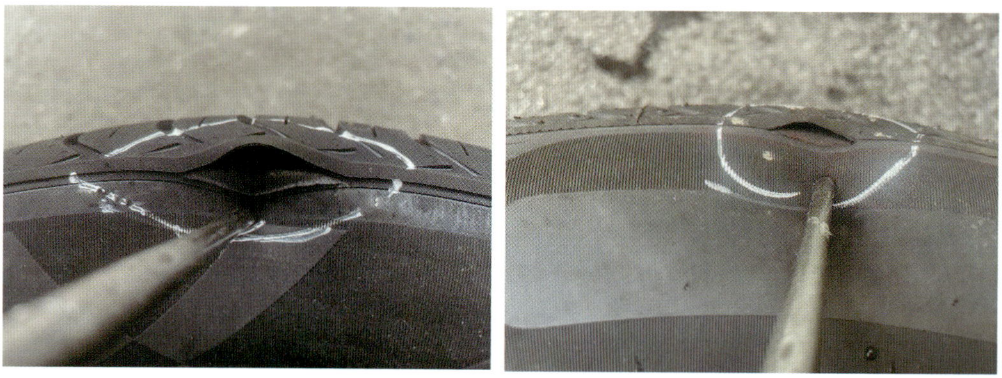

图 6-37

6.5.7 胎侧气泡

特征：轮胎使用早期，胎侧位置出现鼓起，用手指按压有明显的气泡感。如图 6-38 所示。

原因：轮胎制造过程中，侧部各种材料之间粘合不良产生气泡。

图 6-38

6.6 胎侧：使用不当所致问题

6.6.1 胎侧整周磨损

特征：胎侧表面被异物摩擦，胶料成片缺失，明显可见胎侧的擦伤痕迹。严重的，胎体也会剐蹭受损。如图 6-39 所示。

原因：轮胎胎侧受到异物的剐蹭。

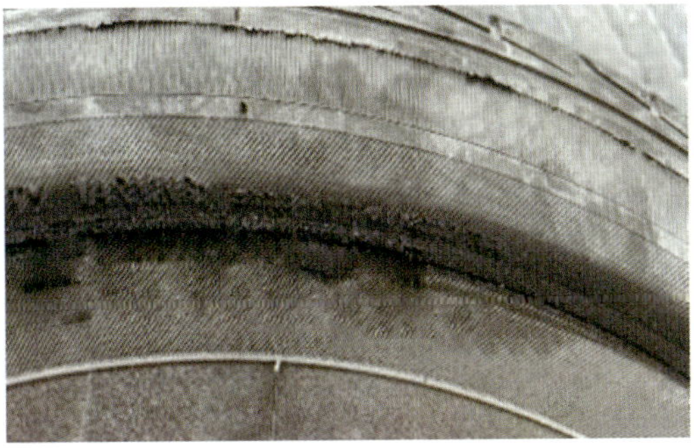

图 6-39

6.6.2 胎侧损伤

特征：轮胎胎侧径向不规则开裂，且有剐蹭痕迹。严重情况下，胎里贯穿、帘线断裂。如图 6-40 所示。

原因：轮胎遭到尖锐物刺伤、剐伤。

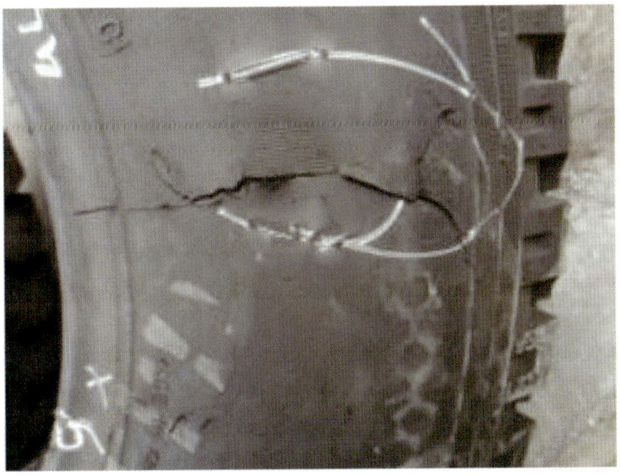

图 6-40

6.6.3 胎侧冲击爆破

特征：胎侧位置出现爆破，爆破位置无切割痕迹，爆破帘线端点整齐不松散，无脱层现象。如图 6-41 所示。

原因：轮胎受外力撞击产生爆破。

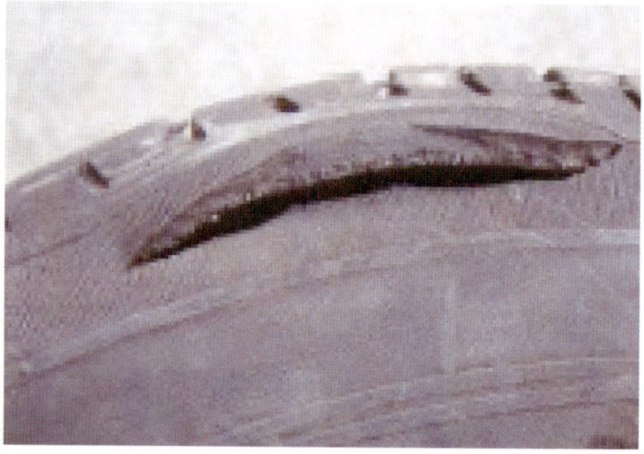

图 6-41

6.6.4 胎侧切割爆破

特征：胎侧有明显的损伤痕迹，爆破点的帘线端头整齐不松散，无脱层现象。如图 6-42 所示。

原因：轮胎受异物切割、剐蹭导致爆破。

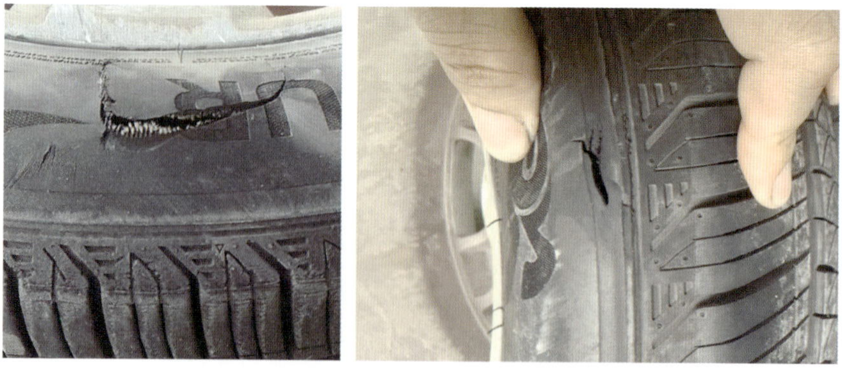

图 6-42

6.6.5 胎侧老化裂口

特征：轮胎一侧或两侧出现多处较浅龟裂纹。如图 6-43 所示。

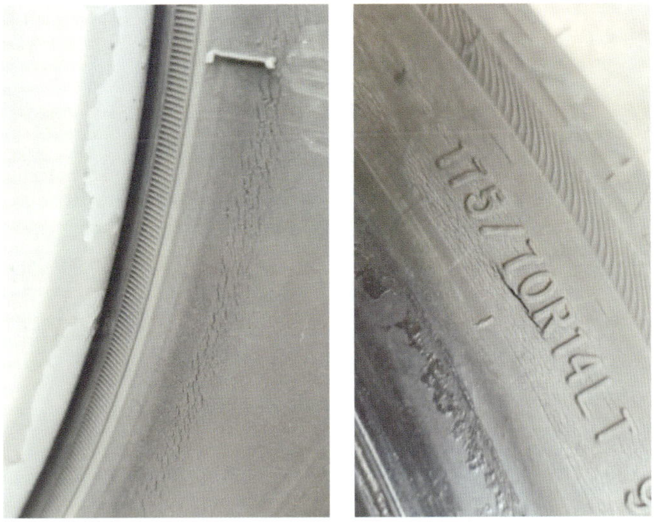

图 6-43

原因：轮胎在充气状态下长时间停放，受紫外线照射、臭氧及热源侵蚀等造成的橡胶表面出现细裂纹。

6.6.6　缺气碾伤

特征：胎体变形，胎侧多处出现斜向褶皱、裂口，胎里内衬层沿周向出现脱层或胶料掉渣的现象。如图 6-44 所示。

原因：车辆在行驶过程中，轮胎瞬间漏气、失压，来不及停车所致损伤；胎压长时间相对不足或在无气状态下行驶，造成轮胎碾压、损坏。

图 6-44

6.6.7　胎侧周向锯齿状裂口

特征：胎侧位置出现周向裂口，裂口呈现不规则的锯齿状。如图 6-45 所示。

原因：轮胎气压相对不足，胎侧屈挠过度，在应力作用下产生周向或局部开裂。

图 6-45

6.6.8 胎侧撞击鼓包

特征：轮胎使用过程中，胎侧位置出现明显的起鼓变形，将轮胎拆卸后，鼓包位置对应的胎里存在撞击断线痕迹。如图 6-46 所示。

原因：轮胎与障碍物撞击，胎侧极度变形。在障碍物与轮辋边缘的挤压作用下，局部胎体帘线断裂，在胎内气压作用下从断线处形成鼓包。

图 6-46

6.7　胎圈：常见质量问题

6.7.1　胎圈杂物

特征：轮胎胎圈表面窝藏杂物，或有杂物脱落后遗留的痕迹。如图 6-47 所示。

原因：模具或半成品胎坯不洁。

图 6-47

6.7.2　胎圈缺胶

特征：轮胎胎圈部位表面有缺胶，并呈现凹陷现象。如图 6-48 所示。

原因：模具或半成品胎坯不洁等。

图 6-48

6.7.3 胎圈气泡

特征：轮胎胎圈部位窝藏有空气。如图 6-49 所示。

原因：半成品部件含有水分、空气、汽油等挥发性介质。

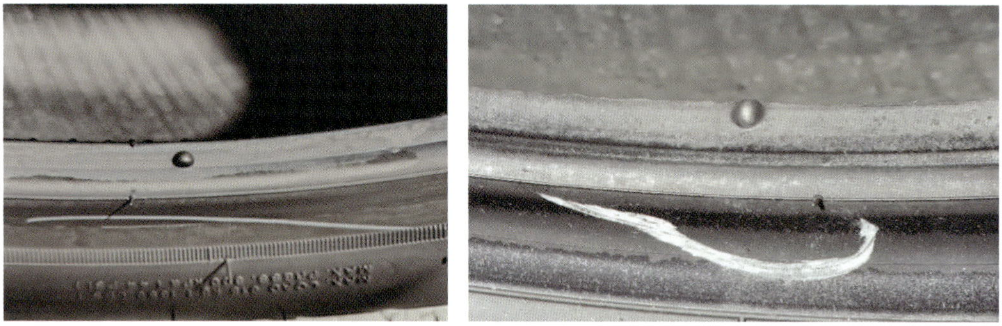

图 6-49

6.7.4 胎圈重皮

特征：轮胎胎圈橡胶呈现细小裂口，当拉伸时胶与胶之间呈现折叠状分离，裂口界面平滑光亮。如图 6-50 所示。

原因：生产过程中胶料混炼不均；模具不洁；成型不良。

图 6-50

6.7.5 胎圈成品修剪不良

特征：新胎胎圈部位缺陷处有明显的修剪痕迹。如图 6-51 所示。

原因：修剪不良。

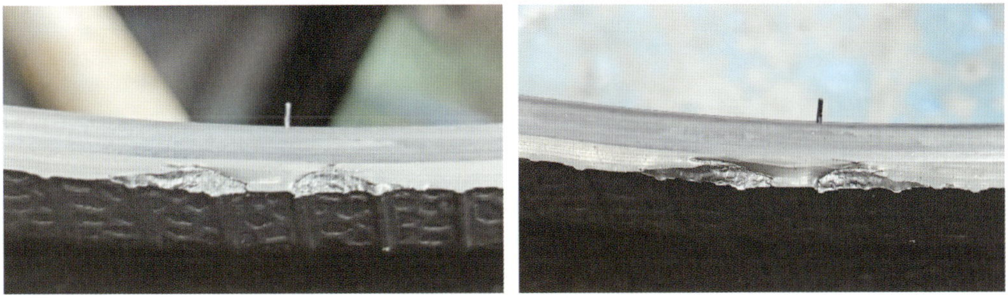

图 6-51

6.7.6　胎圈钢丝刺出

特征：胎圈钢丝倾斜翘起或刺出，偏离正常位置。如图 6-52 所示。

原因：制造过程中，钢丝圈未上正或偏离正常位置。

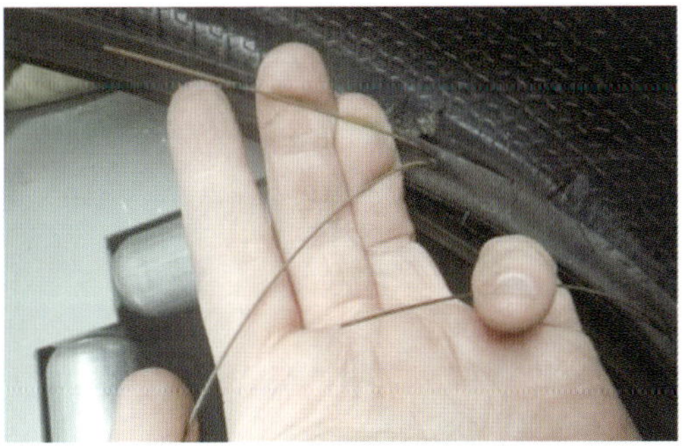

图 6-52

6.7.7　胎圈欠硫

特征：胎圈胶料局部或周向呈多孔状或泡状。如图 6-53 所示。

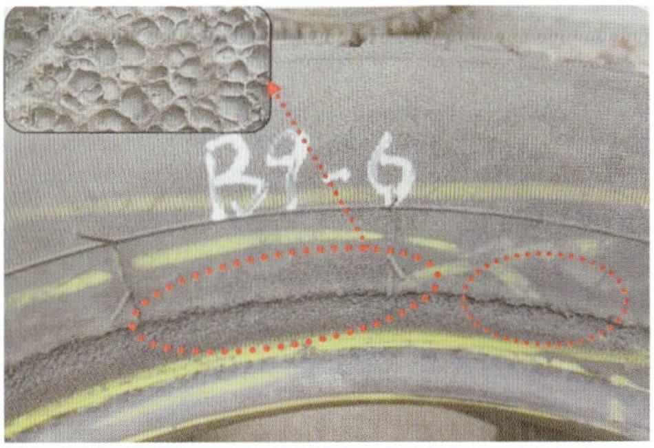

图 6-53

原因：生产过程中温度、压力、时间不足；胶料混炼不均匀等。

6.7.8 胎圈脱层：反包帘布与胎侧胶脱层

特征：轮胎使用早期，反包帘布与胎侧胶之间发生脱层现象，该部位鼓起。如图 6-54 所示。

原因：轮胎在制造过程中，胎侧胶与反包帘布间粘合不良或有杂物混入。

图 6-54

6.7.9 胎圈脱层：三角胶与胎侧胶脱层

特征：三角胶与胎侧胶出现脱层，用手压或锤子敲击有气泡感，严重的出现周向裂口。如图 6-55 所示。

原因：胎圈部件间粘附性不良或打压不实等。

图 6-55

6.7.10 胎圈脱层：三角胶与帘线脱层

特征：三角胶与帘线间脱层，并伴有粘合不良的迹象。如图 6-56 所示。

原因： 生产工艺问题所导致的不同材料粘合不良；异物污染；存在气泡等。

图 6-56

6.7.11　胎圈脱层：胎侧胶连同帘布压延胶与帘线脱层

特征： 胎圈部位脱层。解剖后，可见胎侧胶连同帘线压延胶与帘线脱开，橡胶表面光亮，帘线裸露、清洁。如图 6-57 所示。

原因： 帘线水分超标；橡胶与帘线的附着不良；压延胶存在问题。

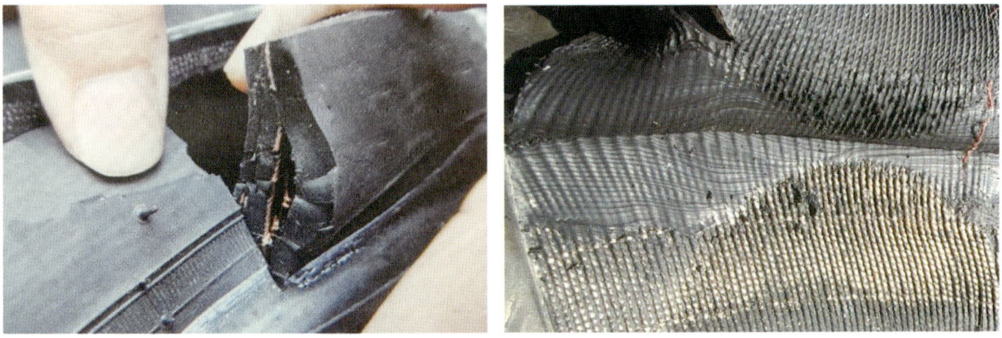

图 6-57

6.8　胎圈：使用不当所致问题

6.8.1　胎圈脱层

特征： 三角胶与帘线间脱层。通常可观察到橡胶熔化的现象。如图 6-58 所示。

原因：严重超载、胎压过低，或长时间连续行驶导致胎圈部件屈挠过度，从而导致胎圈热量累积，形成疲劳性脱层；不良的驾驶习惯，如频繁刹车、转向等；轮胎受到过大的扭矩；轮辋不匹配，轮胎轮辋装配未到位。

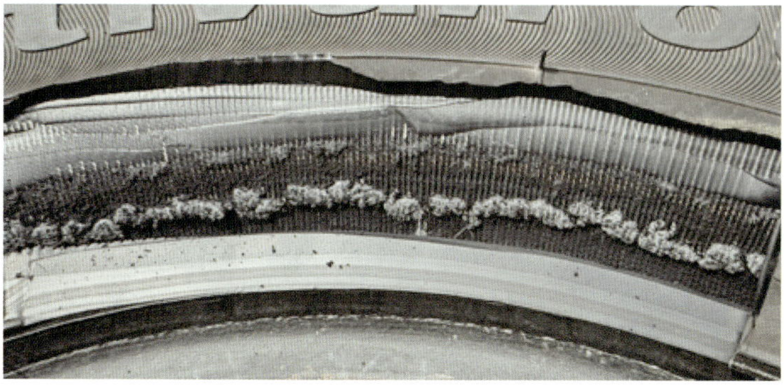

图 6-58

6.8.2 胎圈割伤

特征：胎圈部位被撬坏，子口部位局部损伤。严重的，胎圈钢丝裸露。胎圈部位可见机械性硬伤。如图 6-59 所示。

原因：轮辋状态不良，如生锈、变形、局部损伤；装卸胎时操作不当，造成的胎圈损坏。

图 6-59

6.8.3　胎圈变形

特征：轮胎胎圈有明显的变形现象。如图 6-60 所示。

原因：不正确的装卸方法，胎圈未与轮辋准确着合；轮辋尺寸不合格，或存在局部变形；装运或运输过程中，胎圈部位受到挤压变形。

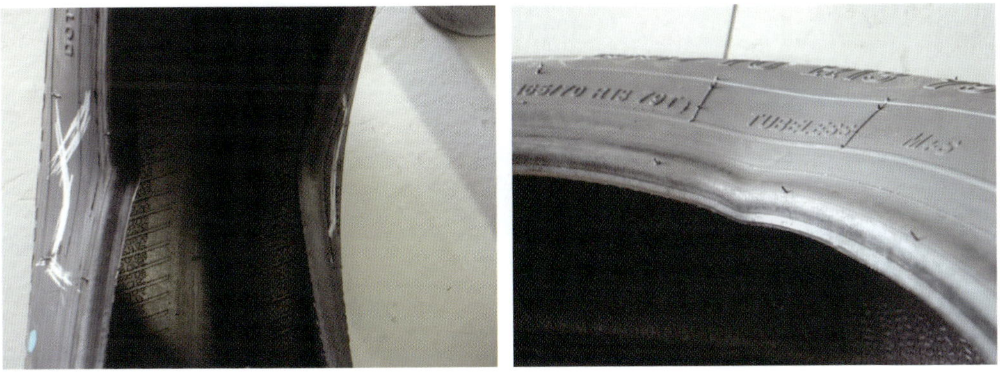

图 6-60

6.8.4　胎圈冲击裂口

特征：轮胎胎圈与轮辋轮缘结合部裂口。严重的，对应胎里部位帘线断裂。如图 6-61 所示。

原因：轮胎受强力冲击，急剧变形，被轮辋边缘挤压产生裂口，对应位置胎体帘线损伤，严重时帘线断裂。

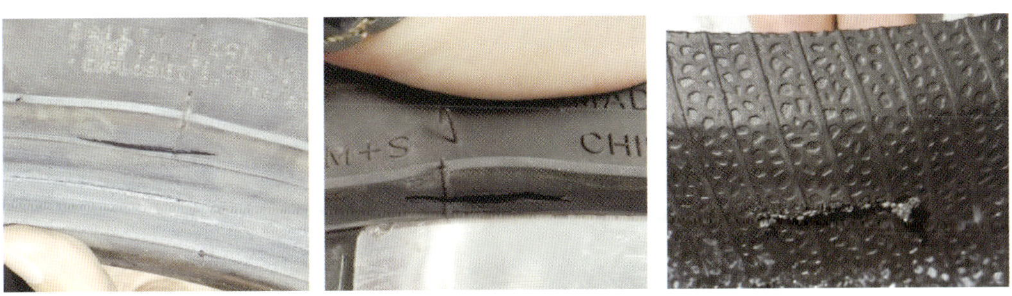

图 6-61

6.8.5　胎圈周向裂口

特征：轮胎胎圈与轮辋结合上部，沿周向整周或间断斜上方裂口。如图 6-62 所示。

原因：轮胎气压过低；严重超载；非标轮辋；轮胎与轮辋着合不良。

图 6-62

6.8.6 胎圈龟裂

特征：轮胎胎圈部位橡胶表面出现细小不规则裂纹。如图 6-63 所示。

原因：轮胎长时间露天停放，阳光暴晒；长期接触臭氧环境，如汽车尾气、电焊机、发电机等。低胎压行驶会加剧此问题的发生。

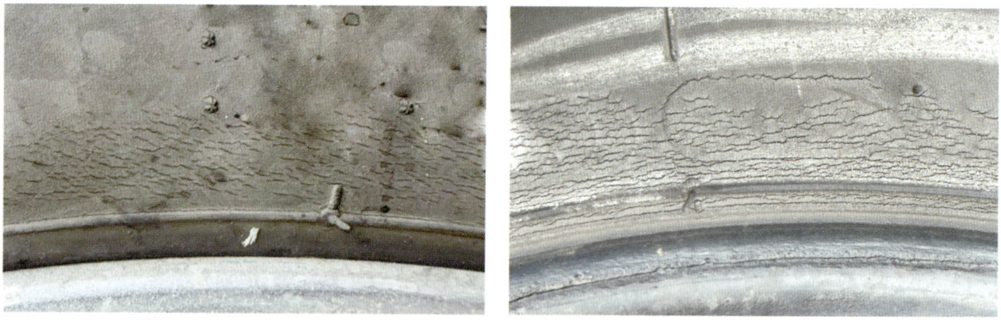

图 6-63

6.8.7 胎圈钢丝断裂

特征：胎圈部位一处钢丝整齐断裂，胎体沿径向方向呈线状撕裂。断裂处的帘布、钢丝没有松散、脱开现象。如图 6-64 所示。

原因：轮胎充气过程中胎圈部位未充分均匀润滑，导致局部应力过大；轮胎胎圈与轮辋安装不到位；轮辋状态不佳，如轮辋与轮胎规格不匹配、轮辋损伤或变形。

图 6-64

6.8.8　胎圈“梯形”爆破

特征：轮胎呈“梯形”式爆破，胎圈爆破处钢丝圈与胎体反包分离，帘线条纹清晰，帘线断裂整齐、不松散，呈撕裂状。钢丝圈不松散，反包帘线与胎体和三角胶之间均无脱层。如图 6-65 所示。

原因：装配过程中，装胎机压头、轮辋边缘、胎圈形成剪切力，导致胎趾处帘线断裂或损伤，充气或行驶过程中受力，使钢丝圈与三角胶反包帘线脱开，强度降低，导致爆破。

图 6-65

6.8.9　胎圈爆破

特征：胎圈部位发生爆破，胎体帘布沿胎圈整齐断裂。严重情况下，爆破情况延伸至肩部，与轮辋轮缘匹配的对应位置有轮辋挤压裂口痕迹。如图 6-66 所示。

原因：轮辋状况不良，如非标轮辋或轮辋存在变形、破损现象；轮胎胎圈与轮辋安装不到位；高胎压下，受外力瞬间强烈冲击导致胎体帘线在钢丝圈处断裂爆破。

图 6-66

6.9 胎里：常见质量问题

6.9.1 胎里脱层

特征：胎里耐磨胶与内衬层之间脱层，或气密层和过渡层脱层。脱层处光滑平整，内衬层有气泡。如图 6-67 所示。

原因：成型时，各部件压合不实，半成品部件表面有水分、油污等隔离介质。

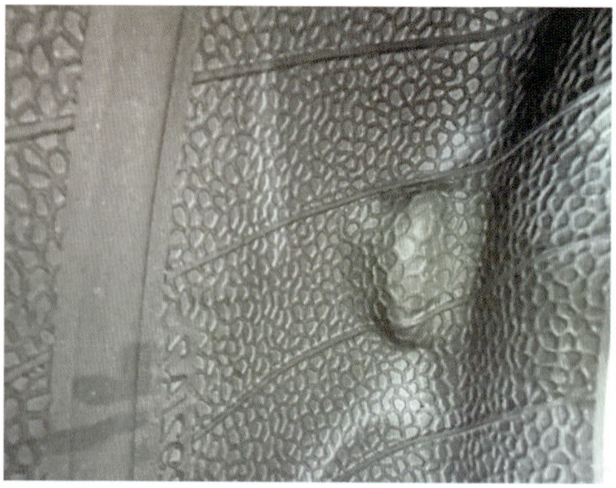

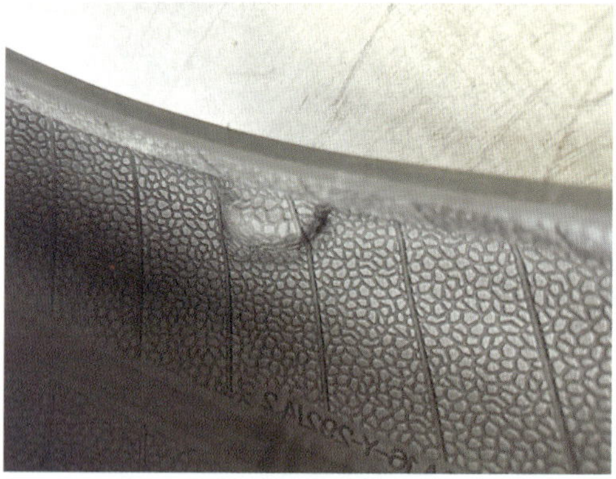

图 6-67

6.9.2 内衬层 / 气密层接头开裂

特征：胎里内衬层接头部分出现斜向裂口。如图 6-68 所示。

原因：内衬层接头压合不实，接头处有水分、油污等隔离介质。

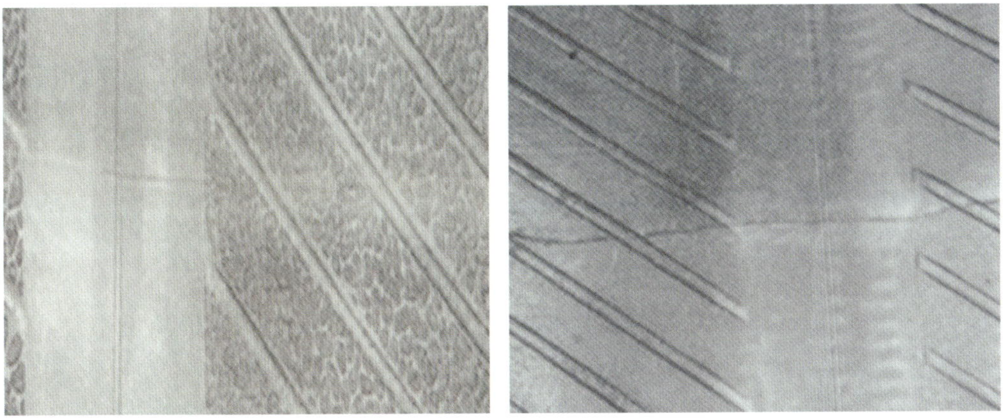

图 6-68

6.9.3　胎里露线

特征：胎里表面显露出帘线。如图 6-69 所示。

原因：胎冠、内衬层等半成品尺寸不标准；硫化过程中，内衬层胶料不规则流动，导致内衬层胶渗入胎体帘线。

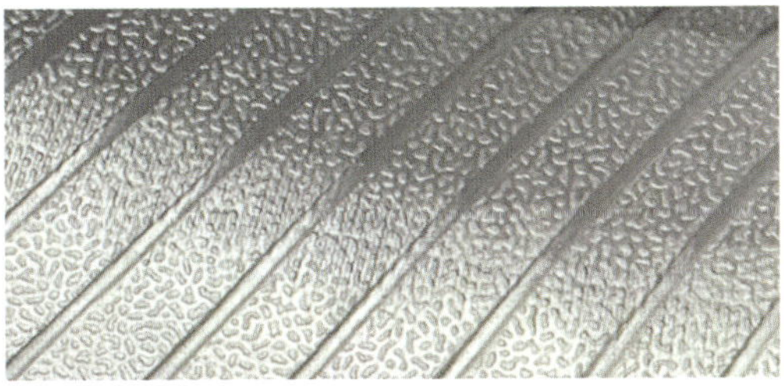

图 6-69

6.9.4　胎里不平

特征：轮胎内表面多胶或缺胶。如图 6-70 所示。

原因：轮胎在硫化过程中，胶囊表面损伤或啃伤，造成轮胎内表面凹凸不平。

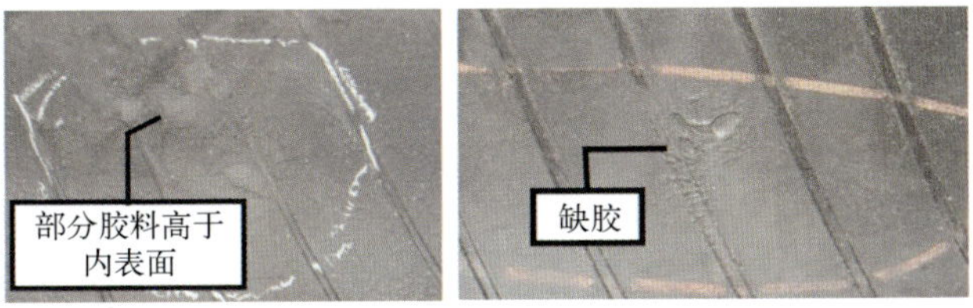

图 6-70

6.10 胎里：使用不当所致问题

6.10.1 内衬层裂口

特征：内衬层局部出现一条或多条裂口。如图 6-71 所示。

原因：使用环境恶劣（如低温等）；胎压不足；超载使用；车辆负重停放时间过长；撞击损伤等。

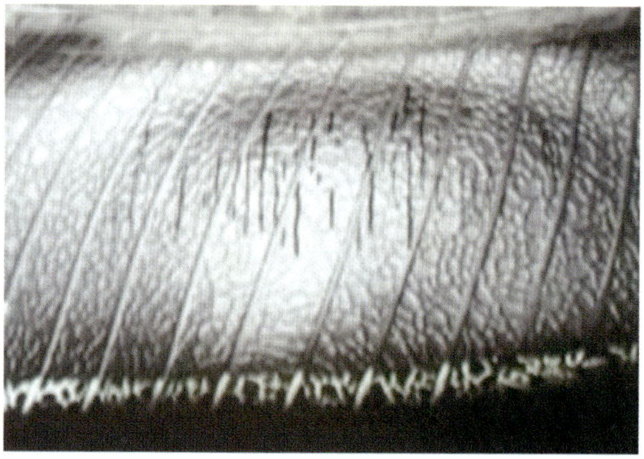

图 6-71

6.10.2 外顶内裂

特征：冠部受外力撞击，对应内侧呈径向裂开。如图 6-72 所示。

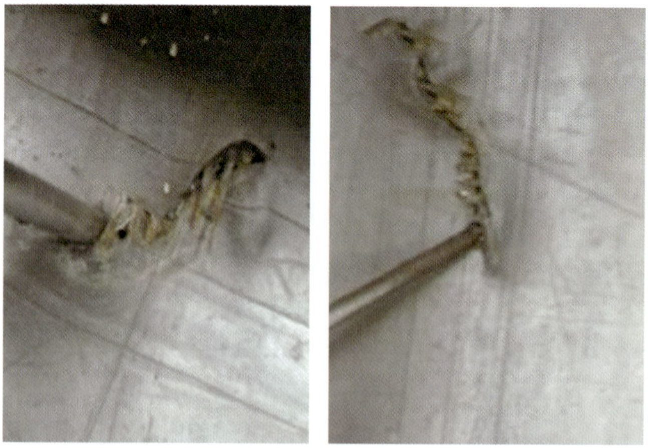

图 6-72

原因：行驶时冠部受不平路面或障碍物强力冲击而发生爆裂（撞击示例如图 6-73 所示）；胎压不足；超载使用等。

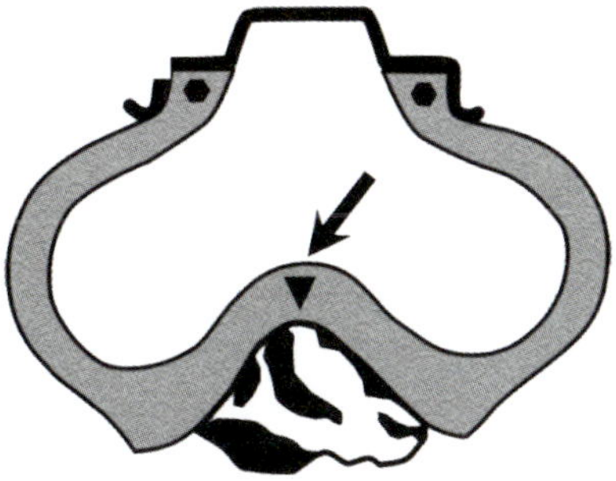

图 6-73

6.10.3　缺气碾伤

特征：通常情况下，轮胎的一侧或两侧同时出现诸如橡胶变性、退色、扭曲、气泡、老化纹、擦伤、帘线断裂及胎体损坏（图 6-74）等一系列症状。

原因：穿孔导致轮胎漏气；胎压不足情况下长期行驶导致碾伤；撞击损伤、超载等也会导致碾伤。

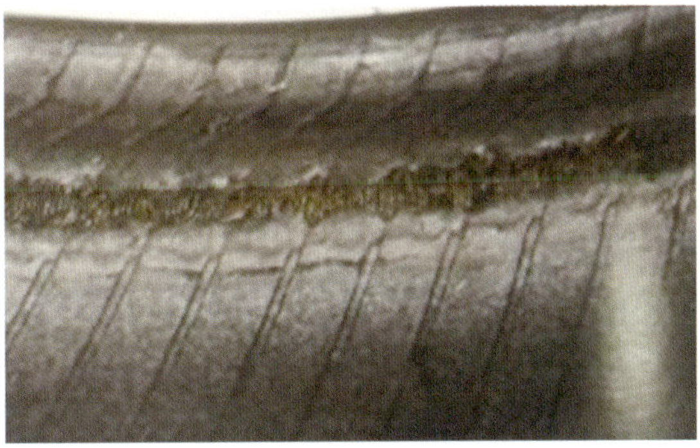

图 6-74

6.10.4　胎里窝气

特征：硫化后轮胎胎里出现周向或局部凹陷、凸起状态，如图 6-75 所示。

原因：硫化过程中胶囊和胎坯内侧没有完全结合，气体未完全排出；橡胶流动不良；胎坯内部隔离剂未干燥。

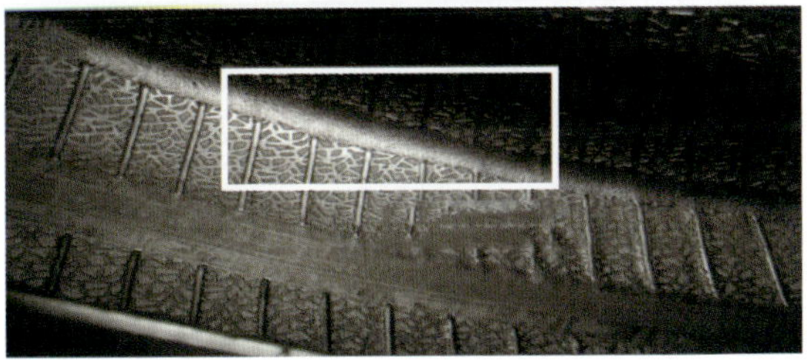

图 6-75

第 7 章 载重汽车轮胎的病象案例分析

载重子午线轮胎是专为承受重型载荷、适应复杂路况而设计的高性能轮胎，广泛应用于货车、客车、挂车等重型车辆。其具有高承载力、高耐磨、低滚阻等优异的性能。

7.1 胎冠：常见质量问题

7.1.1 胎面胶脱层

特征：胎冠胶与胎冠基部胶脱层，脱层面光滑。如图 7-1 所示。

原因：胎冠部件压出时，胎冠胶与胎冠基部胶之间有气泡、灰尘等杂质，导致粘合不良。

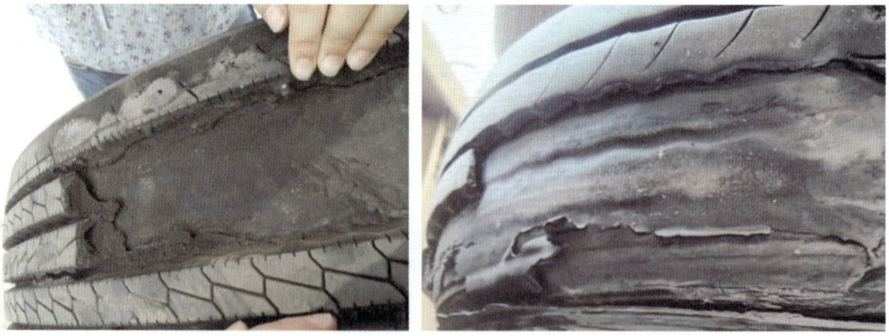

图 7-1

7.1.2 胎面胶与骨架材料脱层

特征：轮胎胎面胶与骨架材料之间或胎冠部位鼓起、胎面胶脱落，有时脱层部位橡胶磨损过快。如图 7-2 所示。

原因：制造过程中，由于部件材料存放时间过长，表面喷霜，或有水、汽油、灰尘等杂质进入；部件定位不当或未压实；胎冠胶与骨架材料间的粘合不良。

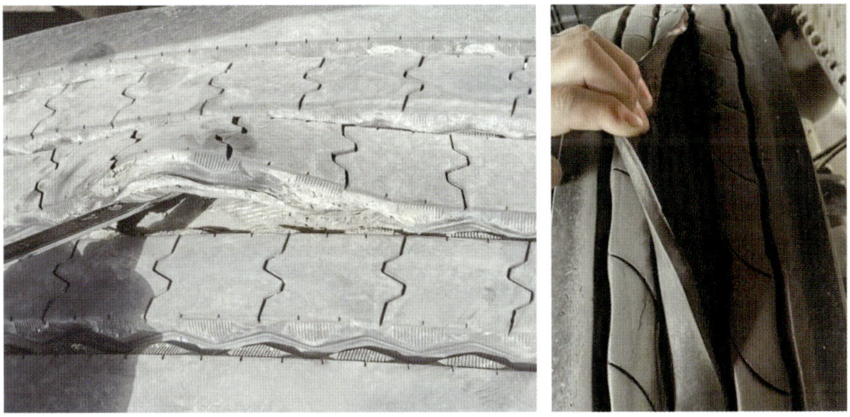

图 7-2

7.1.3　胎冠骨架材料之间脱层

特征：胎冠骨架材料之间出现脱层现象，带束层钢丝松散、裸露，经常伴随胎冠爆破现象。如图 7-3 所示。

原因：制造过程中，由于部件材料存放时间过长，表面喷霜，或有水、汽油、灰尘等杂质进入；部件定位不当或未压实；胎冠带束层与带束层压合不实。

图 7-3

7.1.4　胎面胶接头开裂

特征：胎冠胶按一定的角度斜向光滑分离。如图 7-4 所示。

原因：胎冠接头部位的粘合强度不足。主要是制造过程中，接头表面有水、汽油、灰尘等杂质。

图 7-4

7.1.5 胎面胶欠硫

特征：轮胎脱空损坏处有粘手熔胶渗出，损坏面积较大，呈周向延伸。如图 7-5 所示。

原因：轮胎在硫化过程中的温度、压力、时间不符合标准；炼胶时漏加或少加硫化剂。

图 7-5

7.1.6 花纹沟裂

特征：轮胎胎面无机械损伤，胎面花纹沟底基部胶周向开裂，严重的可见带束层。一般发生在使用早期，表现为周向、连续性、整齐的开裂。如图 7-6 所示。

原因：胎面基部胶过薄、胎面胶硫化过硫、胶料耐撕裂性能低、带束层设计与使用环境不匹配等。

图 7-6

7.2 胎冠：使用不当所致问题

7.2.1 胎冠刺伤脱层

特征：轮胎带束层间脱层，钢丝松散，且裸露钢丝有锈蚀。个别刺伤起始点的带束层钢丝断裂，脱层位置花纹磨损较快。如图 7-7 所示。

原因：轮胎冠部被刺穿后未及时修补，胎面渗水，造成带束层钢丝生锈，导致冠部部件间脱层。

图 7-7

7.2.2　花纹块切割脱层

特征：胎冠花纹块橡胶脱落，带束层裸露。严重时，整条花纹块发生脱落，但脱落表面不光滑，橡胶呈现撕裂面，有时起始点有明显的切割痕迹。如图 7-8 所示。

原因：轮胎在使用过程中，胎冠花纹块受尖锐物切割伤及带束层，后期使用受到外力作用，从受伤点开始撕裂脱落并扩展。

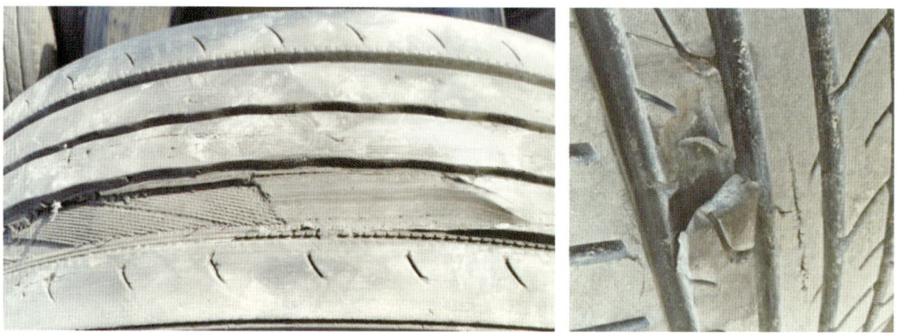

图 7-8

7.2.3　胎冠划伤

特征：胎冠周向整齐划伤。如图 7-9 所示。

原因：车辆行驶的路况条件差，如多尖锐石块、散落矿石等路面；在泥泞、松软路面或爬坡时，车轮打滑，胎面胶被尖锐物周向整齐划伤；车辆零部件松动脱落引起胎面周向划伤。

图 7-9

7.2.4　胎冠啃伤（胎冠胶掉块）

特征：胎冠表面胶发生局部掉块脱落，严重时露出带束层。如图 7-10 所示。

原因：行驶在碎石路等不良路面上，当加速或刹车时，碎石易啃下胶块。胎面胶硬度较高、高胎压等因素，更容易导致出现此类问题。

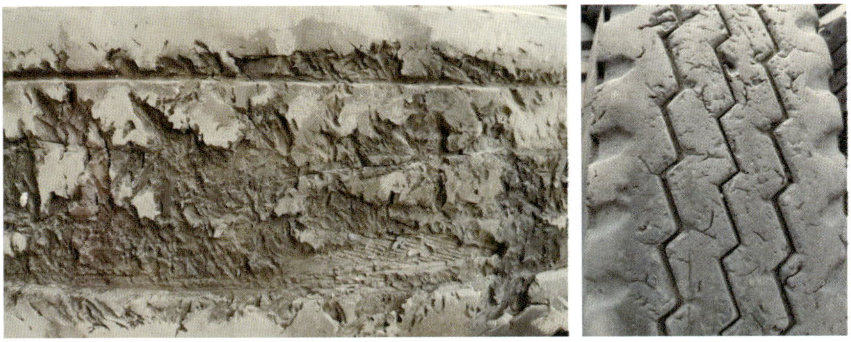

图 7-10

7.2.5　胎冠刺穿

特征：轮胎胎面上有割伤或贯穿的痕迹。从胎里可见与胎面割伤位置对应的贯穿伤。如图 7-11 所示。

原因：轮胎在使用过程中，胎冠由于受尖锐外物的刺扎、切割，造成胎冠出现贯穿孔。严重时，造成带束层钢丝及胎体钢丝断裂。

图 7-11

7.2.6　胎冠冲击爆破

特征：轮胎冠部受到外物撞击，冠部带束层断裂露出。爆裂端面无固有的脱层迹象，有的显示为爆裂时的撕裂状。如图 7-12 所示。

原因：车辆在高胎压、高负荷或高速度状态下行驶，轮胎撞击障碍物或强行越过沟坎而引起的胎面爆裂。

图 7-12

7.2.7 胎冠割伤爆破

特征：轮胎冠部受到外物切割冲击，冠部带束层断裂露出。爆裂端面无固有的脱层迹象，切入处较明显，钢丝端点整齐。其余钢丝端点为撕裂状。如图 7-13 所示。

图 7-13

原因：车辆在高胎压、高负荷或高速度状态下行驶，轮胎撞击障碍物，胎冠带束层钢丝受到切割。

7.2.8　带束层生热脱层

特征：胎冠带束层之间脱层，有时伴有磨损产生的胶粉，胎冠表面鼓起，严重时钢丝从花纹沟中突出。如图 7-14 所示。或有时第二、三带束层（两角度交叉层）直接分离，胎冠整体脱落，且剩余胎体完好，带束层表面有生热痕迹。

原因：轮胎在高速、高负荷、长运距等使用条件下，由于变形产生的热量无法快速散发，热量在胎冠部积聚，当超过一定的温度后，带束层挂胶软化，物理性能降低，在应力的作用下带束层间发生脱层。

图 7-14

7.2.9　胎面胶异常脱落

特征：胎面胶变性，失去原有物理性能，损坏部分橡胶硬度降低、受到外力后发生脱落。如图 7-15 所示。

原因：轮胎表面受到机油、黄油等有机溶剂的侵蚀，橡胶发生老化，行驶时局部脱落。

7.2.10　胎冠单侧磨损

特征：总体上看胎冠花纹，单侧胎肩的花纹条块过早磨损，且磨面较为光滑，其余花纹磨损正常。如图 7-16 所示。

图 7-15

图 7-16

原因：主要发生在前轮，属于车辆定位问题。常由于配件等原因造成前轮车辆悬挂系统出现问题，轮胎表现为在前进的方向上前束角不能为零，有一定的角度。个别情况下，虽然前束角正常，但后轴与车辆前进方向产生推进角，也会产生同样的问题。

7.2.11　胎冠两侧磨损

特征：与轮胎中部花纹块相比，轮胎两肩花纹磨损过快，且表面光滑，轮胎胎面呈一个拱形断面。如图 7-17 所示。

原因：轮胎充气压力相对不足，前轮轮胎未定期换位，造成肩部磨损过快；当车辆严重超载时，更容易发生此类磨损；轮胎与轮辋不匹配（如轮辋相对小），也会造成此类磨损。

图 7-17

7.2.12　胎冠中央磨损

特征：与轮胎胎肩花纹相比，胎面中部花纹周向过度磨损情况较明显。如图 7-18 所示。

图 7-18

原因：轮胎气压过高，驱动轮位轮胎，都容易出现胎冠中央磨损快。另外，超载情况下情况会更严重。

7.2.13 胎冠坡型磨损

特征：轮胎胎面呈光滑的坡形磨损，一边花纹比另一边剩余要高，且一侧胎肩部边缘磨损特别严重。如图 7-19 所示。

原因：主要发生在前轮，由轮胎外倾角过大引起，属于车辆定位问题。另外，严重超载、胎压不足、路面坡度过大均会加大此类问题出现的可能。

图 7-19

7.2.14 胎冠羽状磨损

特征：轮胎胎面花纹沟槽边缘横向呈羽毛状磨损，胎面一般情况下呈斜坡形。如图 7-20 所示。

原因：主要发生在前轮，轮胎有外倾角，属于车辆定位问题。行驶过程中轮胎左右摆动，造成轮胎胎面在路面上横向移动，从而造成羽毛状磨损。

7.2.15 胎冠岛状磨损

特征：轮胎胎面出现高低不同、没有统一规律的磨损，同时个别区域尤其是两侧胎肩有一块块的突出部分。如图 7-21 所示。

原因：装载分配不均造成轮胎跳跃式行驶；悬挂系统出现故障也会造成此现象。

图 7-20

图 7-21

7.2.16　胎冠鱼鳞状磨损

特征： 轮胎胎面花纹边缘，沿轮胎滚动方向，花纹块出现前高后低的磨损，呈鱼鳞状。如图 7-22 所示。

原因： 在高速、高负荷条件下，轮胎滚动时，每块花纹的变形量由前到后，变形量由小到大，磨损量也由少到多，最终产生这种前高后低的磨损。块状花纹最容易产生此类磨损，且原始花纹沟越深越容易出现磨损。

图 7-22

7.2.17　胎冠河道状磨损

特征：轮胎花纹沟槽周向边缘磨损，呈河道状。如图 7-23 所示。

原因：轮胎在车辆变换车道时有一定的左右位移，此时只有沟部花纹变形大，橡胶磨损加快；车辆四轮定位等定位参数与实际使用环境不匹配等因素引起。

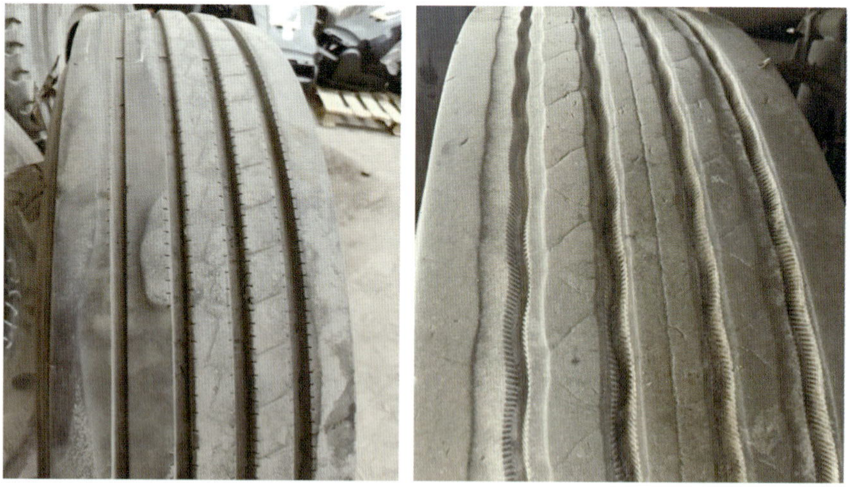

图 7-23

7.2.18　胎冠斜角磨损

特征：轮胎胎面均匀分布着多处以一定角度存在的快速磨损。如图 7-24 所示。

原因：车轴之间不平行，存在角度，轮胎行驶时不在同一平面，产生异常磨损。

图 7-24

7.2.19　胎冠局部磨损

特征：胎面花纹一处或多处局部快速磨损，轮胎明显失圆或花纹磨平。

原因：车辆紧急制动、刹车系统调校不良、刹车抱死造成轮胎胎冠花纹发生局部异常磨损；车辆刹车测试时，因设备与轮胎不匹配、人为疏忽导致局部啃伤或异常磨损。如图 7-25 所示。

图 7-25

7.2.20 疲劳纹

特征：轮胎花纹沟底存在不同程度的周向浅显纹路，但不影响使用。纹路深度随使用时间延长逐步明显。如图 7-26 所示。

原因：在车辆行驶过程中，胎面橡胶会经受反复屈挠，而花纹沟底作为变形位移及变形量最大的位置，很容易产生明显的褶皱纹。这种情况下，配方中的防老化体系会慢慢析出，在花纹沟底形成保护膜，保护此处胶料。

图 7-26

7.2.21 夹石子沟裂

特征：轮胎花纹沟底局部裂口，裂口形状不规则，有明显夹石子或划伤痕迹。如图 7-27 所示。

原因：车辆行驶过程中，遇到石子等障碍物引起轮胎沟底局部裂口，继续行驶会引起裂口延伸。

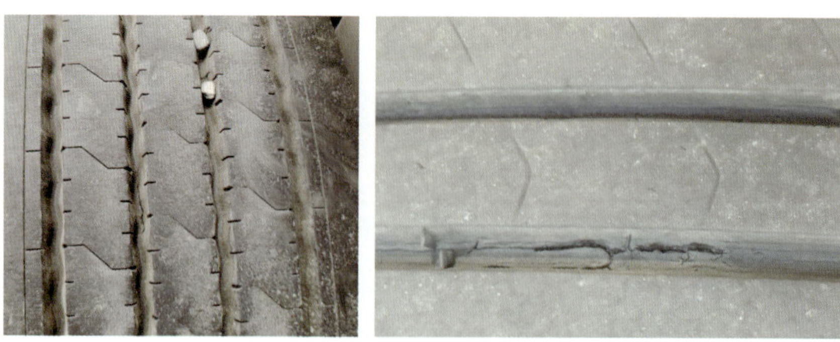

图 7-27

7.3 胎侧：常见质量问题

7.3.1 胎侧脱层

特征：胎侧胶与胎体之间，或胎侧胶与上三角胶之间发生脱层，脱层界面光滑。如图 7-28 所示。

原因：制造过程中，部件间产生气泡或进入水、汽油等杂质，造成部件间粘着力不足。

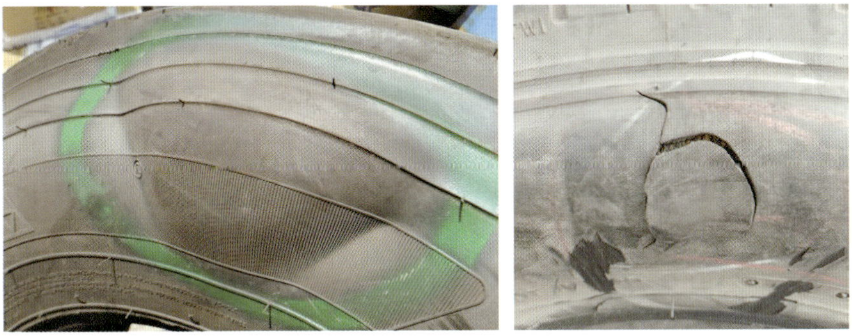

图 7-28

7.3.2 胎侧起鼓

特征：轮胎胎侧部位没有外伤，当充标准气压后沿径向方向有一处或两处凹凸不平的现象，严重时不充气也能看到。如图 7-29 所示。

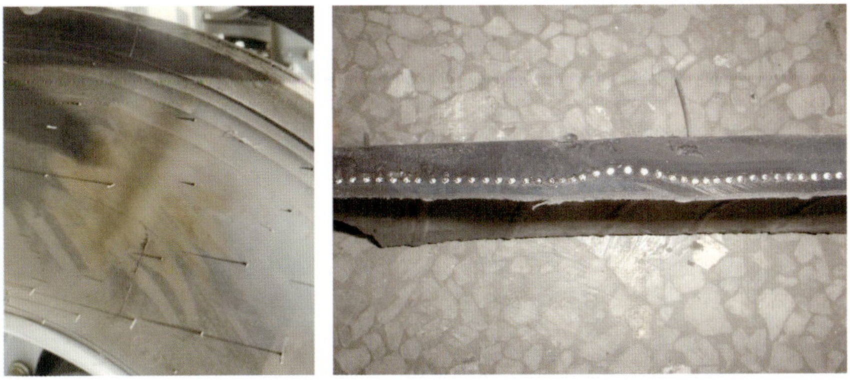

图 7-29

原因：制造过程中，轮胎气密层接头过大或过小、胎侧接头过大或过小，胎体接头密或稀，或胎体帘线疏密不均。

7.3.3 胎侧规律性不平

特征：充气后，沿胎侧周向方向出现有规律的波浪形不平现象。如图 7-30 所示。

原因：轮胎在胎坯成型时采用机械反包成型引起的工艺现象，不影响轮胎正常使用。以往胶囊反包成型机成型的轮胎不会出现此现象。

图 7-30

7.4 胎侧：使用不当所致问题

7.4.1 胎侧外伤爆破

特征：胎侧有划伤或割伤痕迹，由于受到外伤胎体断裂甚至引起胎侧呈拉链式爆，损坏点帘线端点整齐呈切割状。如图 7-31 所示。

原因：轮胎在使用过程中，胎侧被路面上的石头、铁板、螺栓、钉子等尖锐的外物割伤、划伤，最终导致爆破。

7.4.2 胎侧径向裂口

特征：轮胎胎侧沿径向裂缝，或有明显的剐蹭、硬伤痕迹。如图 7-32 所示。

原因：轮胎撞击后，胎侧极度变形而开裂。

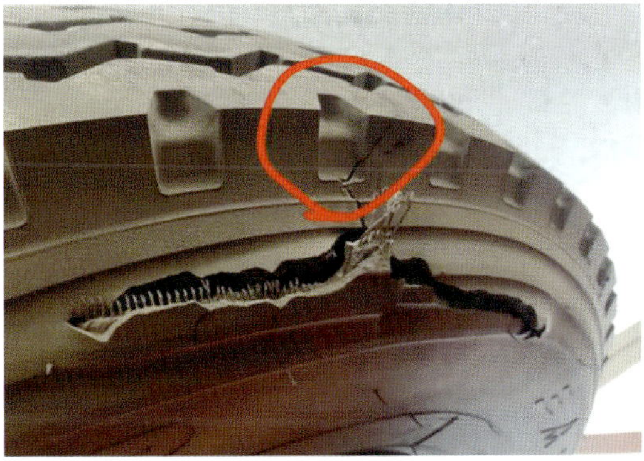
图 7-31

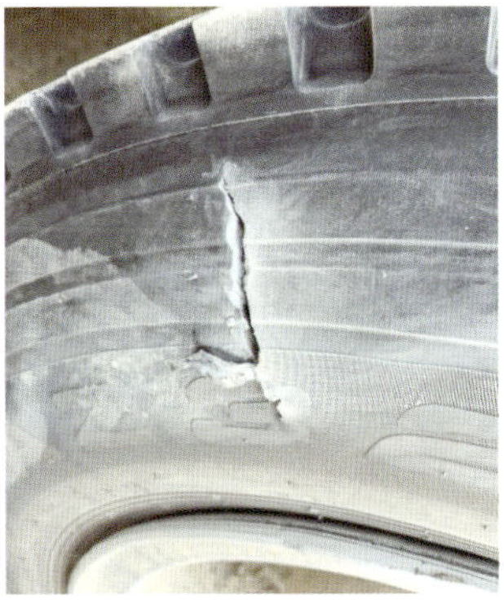
图 7-32

7.4.3　缺气碾伤

特征：在充气压力不足或无气压状态下行驶，导致胎侧变形、胎侧周向磨损、胎里褶皱、橡胶脱落成胶末、帘线裸露等现象。或者轮胎胎侧多处径向裂开，胎侧多处破碎，呈周向撕裂状。如图 7-33 所示。

原因：轮胎在无气或低胎压下使用，胎体钢线屈挠过度，强度下降，发生爆破；在无气状态下受轮辋碾压。

7.4.4　胎侧冲击爆破

特征：轮胎胎侧钢丝断裂，爆胎处无硬伤痕迹。如图 7-34 所示。

图 7-33

图 7-34

原因： 车辆超载、高胎压状态下，轮胎胎侧钢丝断裂；无法满足车辆载荷等需求；轮胎子口损伤导致进水生锈，胎侧钢丝强度下降，也会引起同类现象。

7.4.5 拉链式爆破

（1）缺气拉链爆

特征： 轮胎胎侧呈拉链式爆破，但断裂形状较平直，个别轮胎胎里对应位置有明显折痕。如图 7-35 所示。

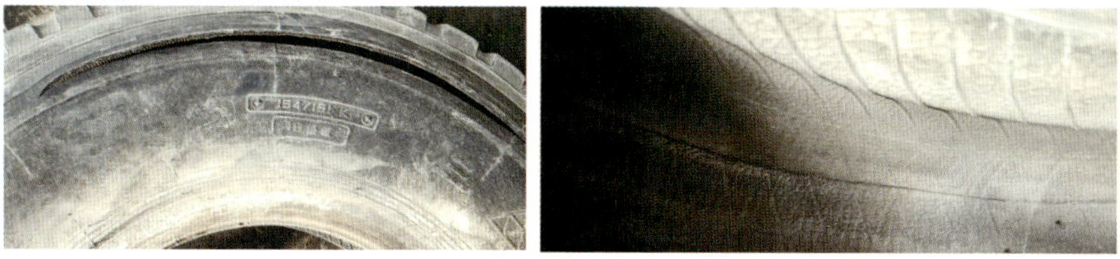

图 7-35

原因： 轮胎在相对低的胎压下使用，胎体钢线屈挠过度，强度下降，发生爆破。

（2）超载高压拉链爆

特征： 轮胎胎侧部位出现拉链式爆破，伤口较大，帘线或钢丝折断，成撕裂状。如图 7-36 所示。

原因： 轮胎严重超载，胎压过高，在行驶中胎侧受到外物撞击。

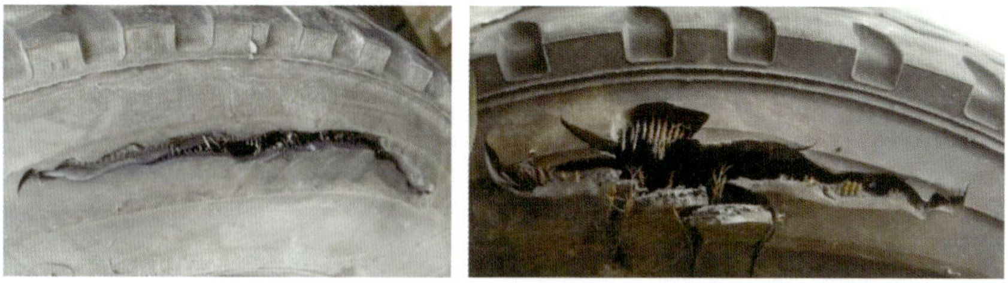

图 7-36

7.4.6 胎侧外伤起鼓

特征： 轮胎使用后，胎侧沿径向的胎体有明显凸起，严重时无气状态下也能看到。

原因： 胎体钢丝因胎冠扎伤、胎侧硬伤，以及子口损伤等原因引起损伤或断裂。另外，轮胎装卸时损伤子口钢丝也会引起胎侧起鼓。如图 7-37 所示。

图 7-37

7.5 胎肩：常见质量问题

7.5.1 胎肩脱层

特征：在使用早期，胎肩部出现凸起，用手指按压有明显气泡感，割开胎肩部橡胶，可见界面较光滑。鼓包后期产生 U 形、星形爆破，钢丝裸露完好无损；胎冠基部胶与带束层末端、胎冠基部胶与垫胶间或胎冠基部胶的脱层，从带束层末端扩展至垫胶部位，肩部脱层伴有周向裂口，有溶剂类物质析出，解剖后脱层处析出物粘手。如图 7-38 所示。

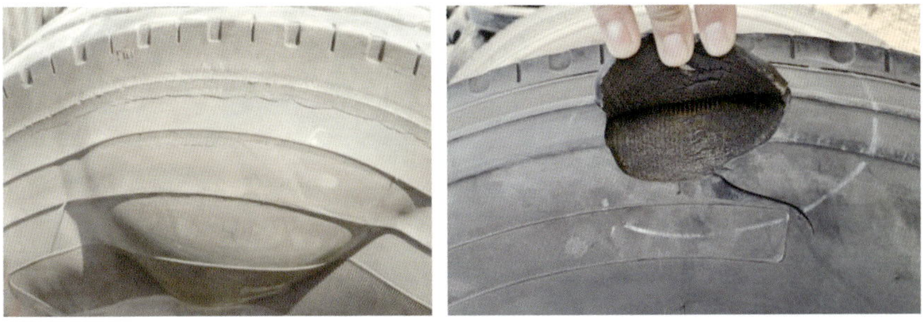

图 7-38

原因： 轮胎在制造过程中，部件间混入水、汽油、灰尘等杂质，造成部件间粘合力不足；制造工艺控制不严格、部件定位精度不足，造成部件移位；硫化时间不足（欠硫）。

使用中发生应力集中，亦可造成部件间脱层；另外，如果肩空范围达到周长1/4，一般与轮胎气压偏低有关。

7.5.2 胎肩开裂

特征： 胎面胶和胎侧结合处橡胶开裂，裂口延伸脱层明显，可见带束层端点。如图 7-39 所示。

原因： 带束层橡胶粘合不牢，行驶生热后脱层。

图 7-39

7.6 胎肩：使用不当所致问题

7.6.1 胎肩刺伤脱层

特征： 肩部有刺穿或修补痕迹，肩部胶与钢丝帘布脱层。如图 7-40 所示。

原因： 钢丝子午线轮胎径向变形大，在不平坦的道路上使用极易受到路上障碍物剐、划、刺伤，致使泥水、灰沙等异物渗入，使用者未及时检查并进行处理，致使带束层端点生锈脱层。

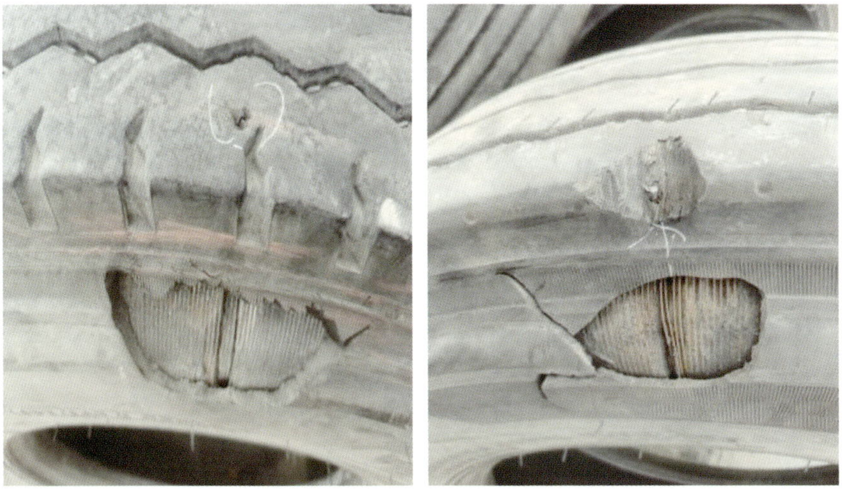

图 7-40

7.6.2　肩部割伤

特征：肩部有明显的撕裂痕迹或局部断裂，没有脱层迹象。如图 7-41 所示。

原因：车辆行驶中被障碍物（石块、金属等尖锐物）等割伤，同时可能引起胎肩部位割破或带束层端点钢丝割断甚至爆破。

图 7-41

7.6.3　胎肩啃伤掉块（崩花掉块）

特征：轮胎肩部花纹胶块被啃掉，橡胶呈撕裂面。如图 7-42 所示。

原因：轮胎肩部被障碍物刺、剐伤，行驶时被路基等硬物挤压，重载起步轮胎打滑，都可导致轮胎肩部崩花掉块。

图 7-42

7.6.4　胎肩爆破

特征：轮胎肩部硬伤明显、肩部径向裂口或爆破。如图 7-43 所示。
原因：胎肩受到钝物冲击、尖锐物切割等，导致部件破裂。

图 7-43

7.6.5　胎肩刺穿

特征：胎肩部受到尖锐物刺入贯穿，导致损伤部位漏气的现象。胎肩部位存在不同形状的贯穿胎体的孔洞。如图 7-44 所示。

原因：路面尖锐物（铁钉、钢丝等）刺入或遭受人为蓄意破坏。

图 7-44

7.6.6　胎肩剐蹭

特征：车辆轮胎一侧肩部有剐蹭痕迹，另一侧相对轻微。如图 7-45 所示。

原因：车辆行驶中遇到路肩等障碍物发生剐蹭。

图 7-45

7.6.7　肩部异常磨损

特征：轮胎肩部出现不同程度的磨损、撕裂；其中拖车轮位的第一、三轴较为严重。如图 7-46 所示。

原因：车辆载重情况下，小角度转弯，轮胎下沉量大，接地压力高，滚动摩擦变为滑动摩擦。同时肩部花纹块受到横向变形，肩部以下开始接地，导致此现象发生。

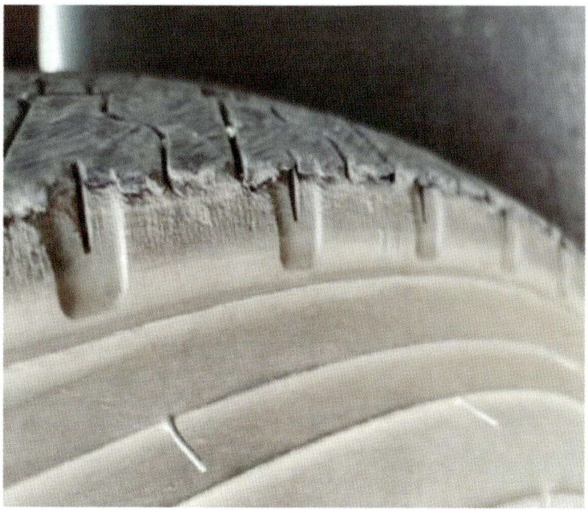

图 7-46

7.7 胎圈：常见质量问题

7.7.1 胎圈脱层

特征：在胎圈部位出现脱层现象，按压有明显的气泡感。如图 7-47 所示。

原因：在制造过程中，部件没有压实；部件受到污染，有隔离介质；反包高度不合理；胎圈设计不合理等。

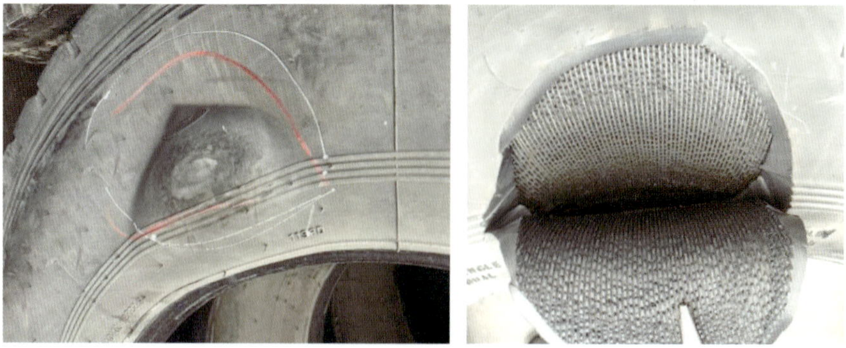

图 7-47

7.8 胎圈：使用不当所致问题

7.8.1 胎圈周向裂口

特征：轮胎装配线附近区域，胎圈与轮辋结合上部，沿周向整周或间断开裂的现象，断面不整齐，钢丝反包端点整齐。如图 7-48 所示。

原因：严重超载；轮辋状况不良或局部变形；轮胎气压偏高；长车转弯扭矩过大。

7.8.2 胎圈内裂

特征：轮胎趾口胎里部位加强层端点开裂。如图 7-49 所示。

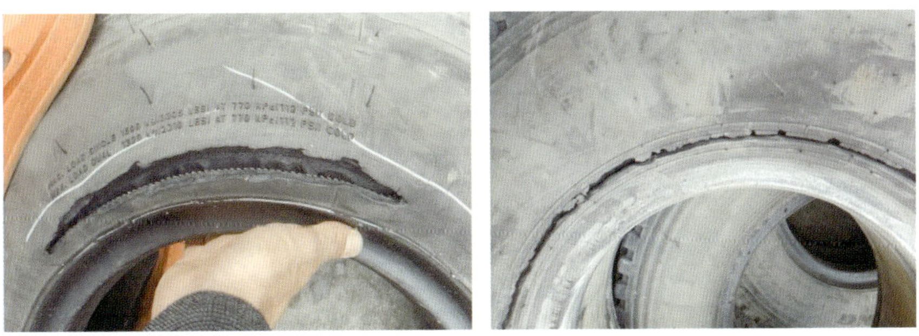

图 7-48

图 7-49

原因：轮胎严重超载，或轮辋不匹配，致使轮胎加强层内端点应力集中，导致开裂。

7.8.3 胎圈生热脱层

特征：胎圈部位单侧或两侧出现多处鼓包，此病象多出现在驱动轮位使用的中后期。如图 7-50 所示。

图 7-50

原因：在使用过程中，严重超载或使用窄轮辋、胎压低，造成轮胎局部过热，橡胶性能发生变化，强度变低，在应力作用下脱层。解剖后，可见胶料界面呈现撕裂状或出现胶粉。

7.8.4 磨胎圈

特征：胎圈部位出现异常磨损的现象。如图 7-51 所示。

原因：轮胎与轮辋装配不当，使用不标准轮辋、变形生锈轮辋，车辆超载，导致胎趾到装配线部位胶料磨损，严重时磨损补强钢丝造成爆破。

图 7-51

7.8.5 胎圈割伤

特征：胎圈受切割，导致部件出现裂口、脱落的现象。如图 7-52 所示。

原因：胎圈位置受变形轮辋、尖锐物切割；装配设备损伤胎圈胶等。

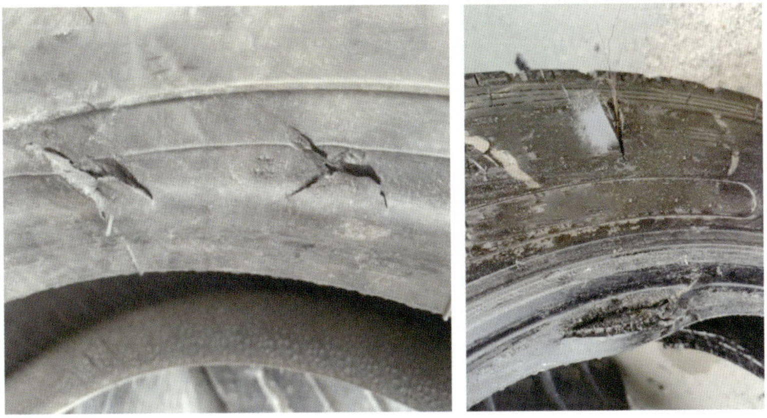

图 7-52

7.8.6　胎圈趾口变形

特征：轮胎的胎圈有明显变形，一般内、外侧变形不一致。如图 7-53 所示。

原因：使用不匹配的轮辋、不标准的轮辋，轮胎胎圈与轮辋安装不妥，由于胎圈受力不均，造成胎圈变形（图 7-54）。

图 7-53

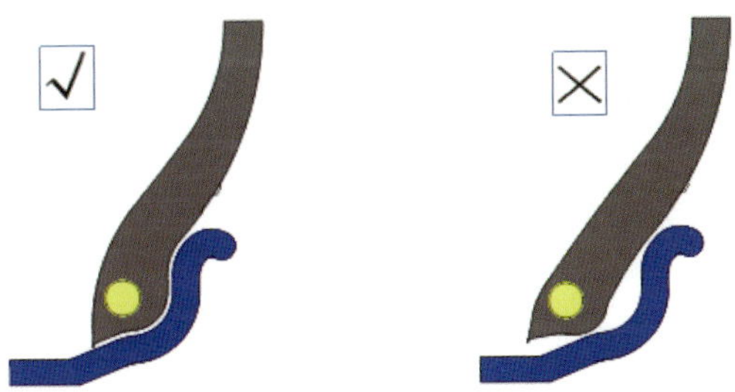

图 7-54

7.8.7　胎圈齐头爆

特征：胎体帘线自钢丝圈位置呈现整齐断裂的现象。如图 7-55 所示。

图 7-55

原因：车辆超载、急转弯导致侧向力过大；过颠簸路面、沟、坎受到较大冲击力；安装时轮辋锁圈没有入槽，胎圈在轮辋上发生相对位移，把胎圈割破；胎体被反复切割导致胎圈齐头爆。

7.8.8　钢丝圈断爆

特征：钢丝圈发生断裂爆破的现象。如图 7-56 所示。

原因：高胎压、严重超载；车辆行驶过程中，路面颠簸或急转弯、过沟坎等障碍物致使胎圈应力集中，超过胎圈钢丝承受的极限，出现钢丝圈断裂爆破；使用受损轮辋，轮辋损伤处切断胎圈钢丝，钢丝断裂界面呈现缩径现象。

图 7-56

7.8.9　胎圈抽丝爆破

特征：胎圈位置发生爆破，胎体帘线抽出，钢丝端点散乱。如图 7-57 所示。

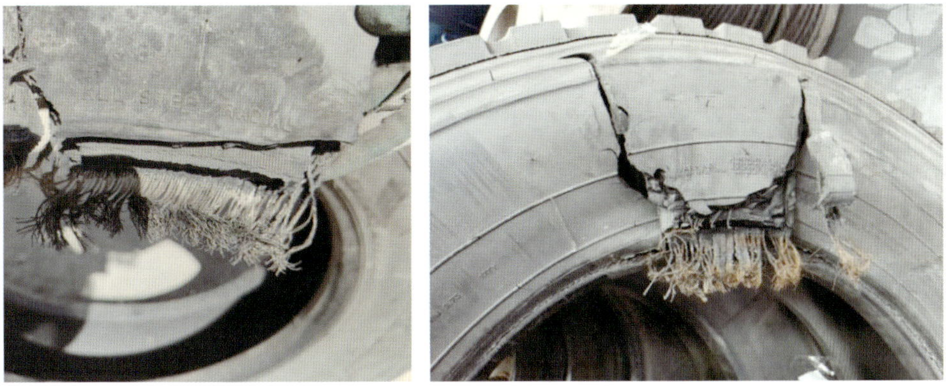

图 7-57

原因：轮胎在使用过程中，严重超载、刹车过热，造成胎圈底部生热脱层，强度降低；车辆转弯、经过沟坎或障碍物时，胎圈局部受力集中发生爆破，胎体钢丝抽出。

7.8.10　胎圈不规则爆破

特征：胎圈加强层、胎体反包端点外裂，大部分伴随内裂现象。如图 7-58 所示。该现象是抽丝爆的前期表现。

原因：轮胎在使用过程中，常由严重超载、胎压过高、刹车过热等原因造成。

图 7-58

7.8.11 胎圈高温损伤

特征：胎圈温度过高，使胎圈部位材料性能下降，出现炭化、脱层、爆破的现象。如图 7-59 所示。

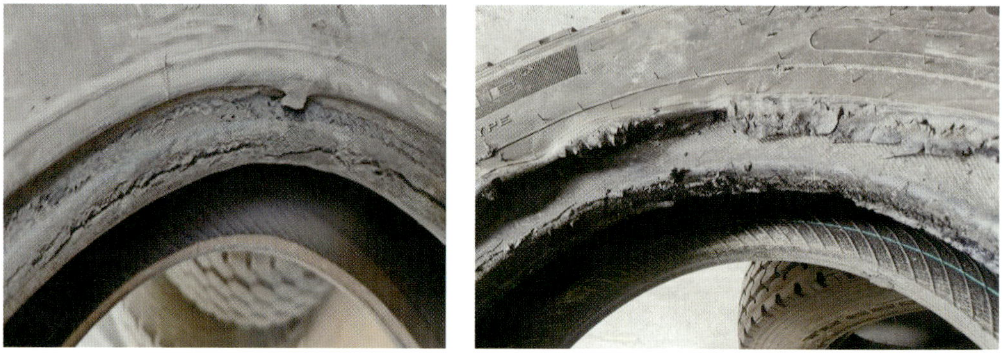

图 7-59

原因：由于车辆频繁刹车、长时间刹车、刹车鼓复位不良等原因，导致热量迅速累积，并通过轮辋传递给轮胎趾口，致使胎圈温度过高，胶料炭化，趾口处材料因层间附着力下降而出现损伤。

7.8.12 胎圈龟裂

特征：胎圈处出现周向的细小裂纹，经长期使用，龟裂会扩大加深。如图 7-60 所示。

原因：轮胎气压不当或超负荷，导致橡胶过度屈伸运动，橡胶疲劳；紫外线、臭氧、热等因素致使橡胶老化。

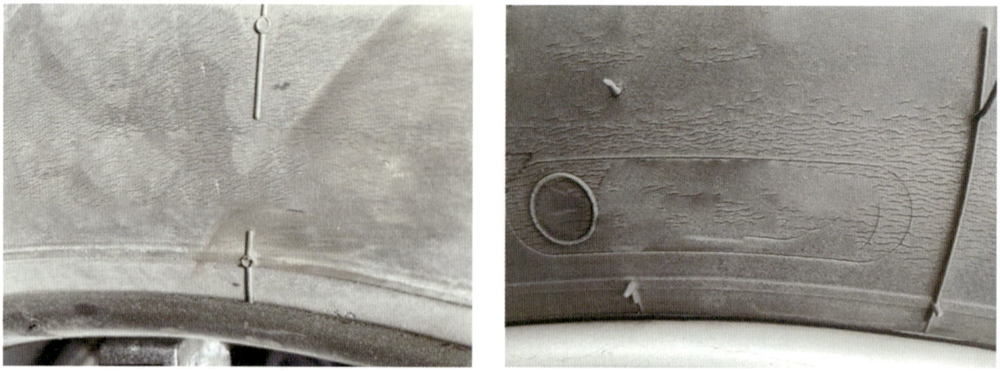

图 7-60

7.8.13　胎圈下裂

特征：胎圈防水线下出现周向裂口。如图 7-61 所示。

原因：车辆严重超载、轮胎气压不当或使用不匹配的轮辋，导致胎侧变形过大，应力集中在胎圈防水线部位，致使防水线下周向开裂。

图 7-61

7.9　胎里：常见质量问题

7.9.1　胎里脱层

特征：胎里局部鼓起，指压时，有反弹感。如图 7-62 所示。

原因：制造工艺不良，成型时部件压合不佳，内衬层与胎体之间局部存有气泡，当车辆在超载、气压过高、超速时，所产生的热能加速了气泡的膨胀。

图 7-62

7.9.2 胎里露线

特征：胎里靠肩、侧部位，局部或整周可清楚地看到胎体钢丝排列的情况；严重时，充气状态下出现胎侧鼓起、破裂。如图 7-63 所示。

原因：制造工艺不良，如胎冠、垫胶等半成品尺寸不合格，导致硫化时内侧气密层胶向外移动，严重情况下可以直接看到胎体钢丝帘线外露。

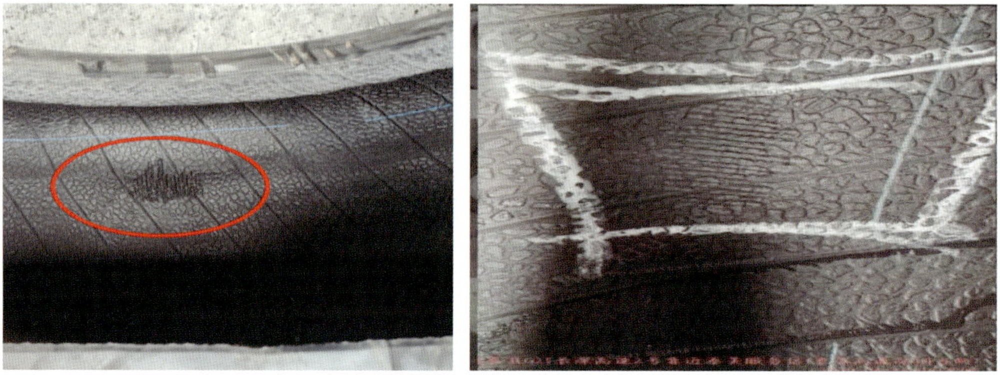

图 7-63

7.9.3 胎里不平

特征：胎里有凸起或凹陷，多表现为局部多胶或缺胶，严重时会造成内胎损坏。如图 7-64 所示。

原因：硫化时，因胶囊表面存在崩块、裂纹或杂物，硫化后导致轮胎胎里凹凸不平。

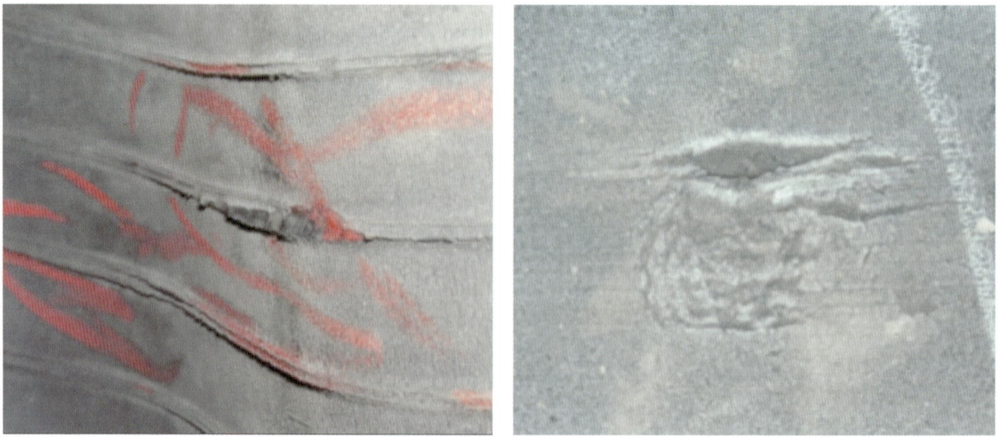

图 7-64

7.9.4　内衬层 / 气密层接头开裂

特征： 胎里气密层接头位置，封口胶片顺着贴合方向开裂、翘起。如图 7-65 所示。

原因： 气密层接头粘合差，或接头部位有隔离剂等杂物，造成硫化后不能有效粘合。

图 7-65

7.10　胎里：使用不当所致问题

7.10.1　外顶内裂

特征： 胎里沿胎体帘线方向出现径向裂口。一般情况下，对应的胎侧会伴有明显的擦痕或撞击痕迹，严重者胎侧里外穿透。如图 7-66 所示。

原因： 轮胎撞击障碍物或挤压路肩等。

图 7-66

7.10.2 胎里割伤

特征：趾口内侧存在局部不规则开裂现象，可见明显切伤毛刺。如图 7-67 所示。

原因：装配操作不当，割伤趾口内侧。

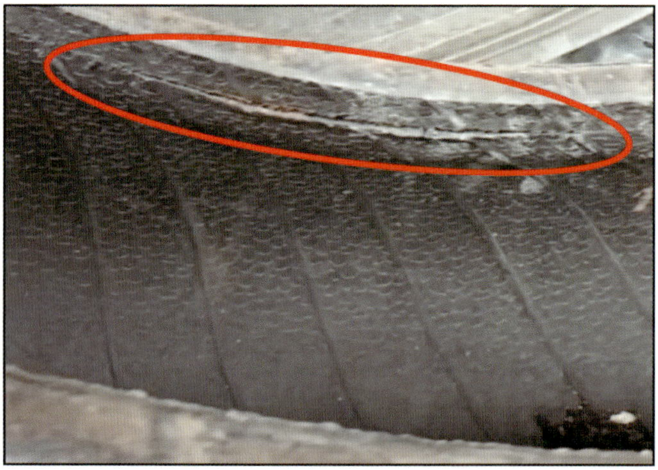

图 7-67

7.10.3 胎里不平

特征：主体钢丝断裂回抽，轮胎里侧出现径向凹陷。充气状态下，对应的轮胎胎侧呈现径向凸起。如图 7-68 所示。

原因：对应位置的胎冠、胎侧遭遇刺扎、划伤、顶撞等，导致胎体钢丝断裂后回抽。

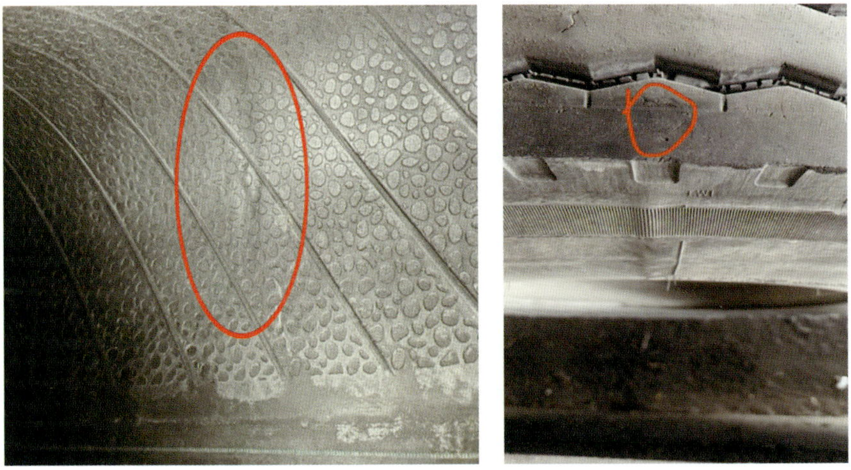

图 7-68

7.10.4　胎里鼓起

特征：胎里对应胎冠部位鼓起，按压感觉很硬；对应胎冠位置一般可见较明显的撞击受伤痕迹。如图 7-69 所示。

原因：使用过程中胎冠受到较严重的冲击后，造成带束层与胎体间产生部件受损分离。

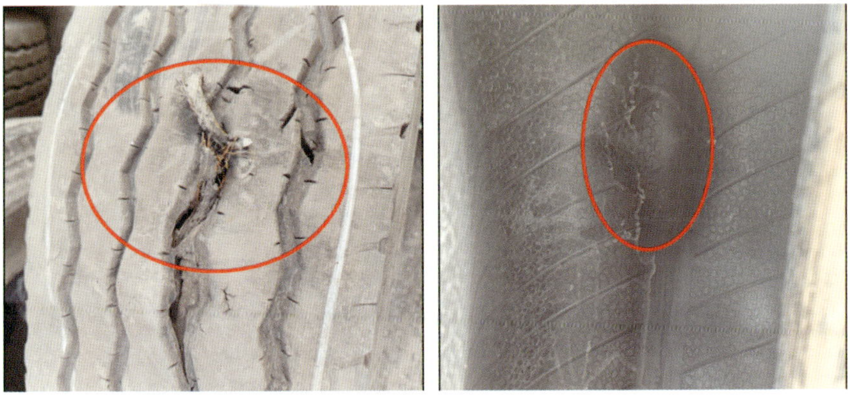

图 7-69

7.10.5　装运损伤

特征：胎里表面存在明显的划伤、磨伤。其对应位置上，内胎经常出现异常磨损，严重的产生损坏。如图 7-70 所示。

原因： 在装配轮胎过程中，内胎和外胎之间带入小沙粒等异物，或滑石粉结块产生的异物。

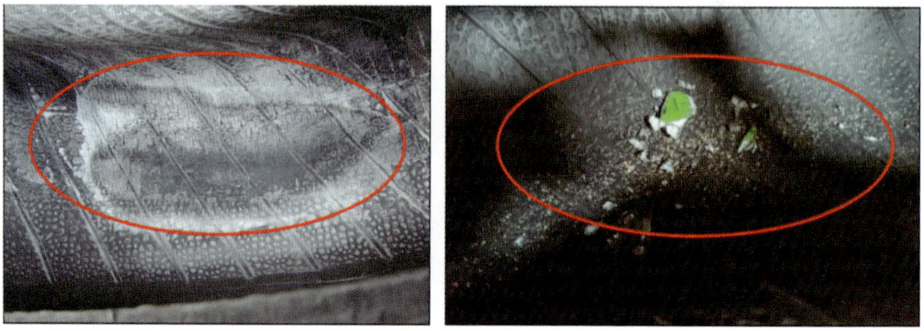

图 7-70

第 8 章

工程机械子午线轮胎病象案例分析

工程机械子午线轮胎的胎体和带束层均采用钢丝帘线，具有高强度、高耐磨性和良好的抗冲击性，轮胎接地面积大、压强小，胎面耐磨性强且耐刺扎，广泛应用于矿山、建筑工地等复杂场景。

8.1 胎冠：常见质量问题

8.1.1 胎面胶脱层

特征：胎面胶与胎体帘布层之间脱开、鼓起，分离处存在光滑界面，严重的产生脱落。如图 8-1 所示。

原因：生产过程中，胎面带水、油污等，胎面胶未压实、汽油未干、空气未排净或欠硫等。

图 8-1

8.1.2 胎面胶重皮

特征：胎面胶一层一层地分离或脱离的现象。如图 8-2 所示。
原因：胎面缠绕时，供胶不连续，或胶片存在杂质、油污等。

图 8-2

8.2 胎冠：使用不当所致问题

8.2.1 胎冠中央磨损

特征：胎冠中心部位严重磨损。如图 8-3 所示。

图 8-3

原因：轮胎气压过高，导致轮胎胎冠部接地面积减少，局部负荷增大，磨耗加剧。

8.2.2　胎冠啃伤

特征：胎冠表面胶发生局部掉块脱落，严重时露出带束层。如图 8-4 所示。

原因：作业路况恶劣，加速或刹车时，胎冠胶在外力作用下被啃下胶块。

图 8-4

8.2.3　胎冠爆破

特征：轮胎冠部受到外物撞击，冠部带束层断裂露出。爆裂端面无固有的脱层迹象，有的显示为爆裂时的撕裂状。如图 8-5 所示。

图 8-5

原因： 轮胎气压过高或负荷过大、超速行驶、紧急制动或遇障碍物后受冲击，应力集中导致爆破。

8.3 胎侧：常见质量问题

8.3.1 胎侧脱层

特征： 胎侧橡胶出现球状、泡状等不同形状的鼓起，按压有气泡感，敲击有脱空感，剖开橡胶可见帘线裸露。如图 8-6 所示。

图 8-6

原因： 胎侧部件之间因胶料喷霜、受到污染而存在隔离介质，没有压实，或者气密层 / 内衬层失效、气体渗出等原因引起。

8.3.2 侧空爆破

特征： 胎侧橡胶呈不同形状爆开，橡胶与帘布之间大面积脱层，橡胶表面无切割、刺扎痕迹，帘线裸露但并未断裂。如图 8-7 所示。

原因： 胎侧脱层之后，胎侧橡胶无法支撑聚集的压力而引起。

8.3.3 胎侧接头开裂

特征： 胎侧径向裂口，裂口从胎侧表面斜向深入，橡胶界面光滑、没有条纹

图 8-7

状切割痕迹。如图 8-8 所示。

图 8-8

原因：胎侧橡胶接头部位因胶料喷霜、受到污染而存在隔离介质；部件未压实等。

8.3.4　胎侧重皮裂口

特征：胎侧周向裂口，裂口从胎侧表面斜向深入，橡胶截面光滑、没有条纹状刮划痕迹。如图 8-9 所示。

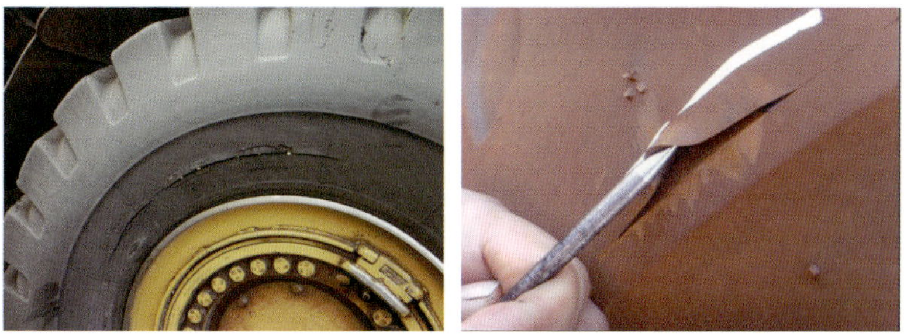

图 8-9

原因：胎侧橡胶和胎冠橡胶接头部位因胶料喷霜、受到污染而存在隔离介质；胎坯表面、模具表面受到污染，致使胎侧橡胶流动异常；部件未压实。

8.4 胎侧：使用不当所致问题

8.4.1 胎侧损伤

（1）胎侧切割损伤

特征：胎侧橡胶存在不同方向、不同深浅的伤口，伤口截面呈现条纹状痕迹。严重时伤口深及胎体帘布，甚至贯穿胎体。如图 8-10 所示。

图 8-10

原因：轮胎在使用过程中，胎侧被外物刺扎、切割而引起。

（2）胎侧夹石损伤

特征：胎侧橡胶存在蠕动摩擦痕迹，严重时磨到帘布，甚至磨穿胎体引起爆破。如图 8-11 所示。

图 8-11

原因：石头或其他异物进入双胎之间的空隙，被反复挤压、研磨而引起。

（3）胎侧剐蹭损伤

特征：胎侧橡胶存在整周或者局部的剐蹭痕迹，严重时剐掉橡胶，露出胎体帘布，甚至剐穿胎体。如图 8-12 所示。

图 8-12

原因：轮胎在使用过程中与外物反复接触、摩擦造成的损伤。

8.4.2　胎侧起鼓

（1）胎侧径向鼓起

特征：胎侧出现放射状、径向凹凸不平，按压没有气泡感，敲击没有脱空感。如图 8-13 所示。

图 8-13

原因：大型工程轮胎成型时，采用伞骨状机械手压实胎侧，压辊和压辊间隙的压力不同而造成。某些轮胎由于花纹沟宽度较大，花纹沟和花纹块对应的胎侧材料厚薄不同而引起。

轮胎气压严重超标时，胎侧也会出现类似情况。

（2）胎侧周向鼓起

特征：胎侧呈圆周方向凸出或者凹陷，按压没有气泡感，敲击没有脱空感。如图 8-14 所示。

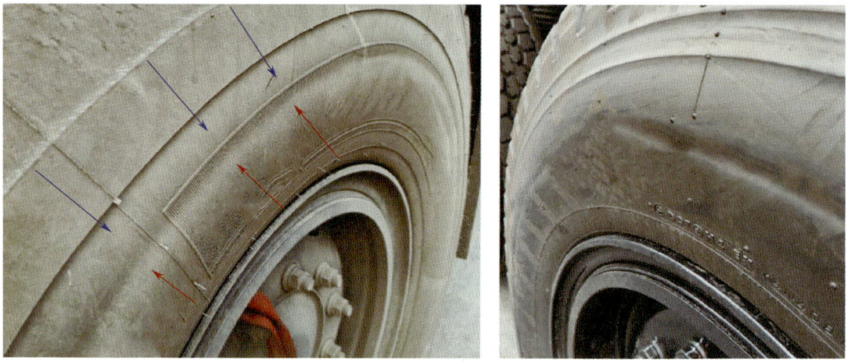

图 8-14

原因：轮胎反包端点级差设计过于明显，或者是采用某些特殊工艺、特殊结构的结果。这是正常现象。

8.4.3 胎侧刺伤鼓起

特征：胎侧径向、条状鼓起，用手按压没有气泡感，用锥子敲击没有脱空感。如图 8-15 所示。

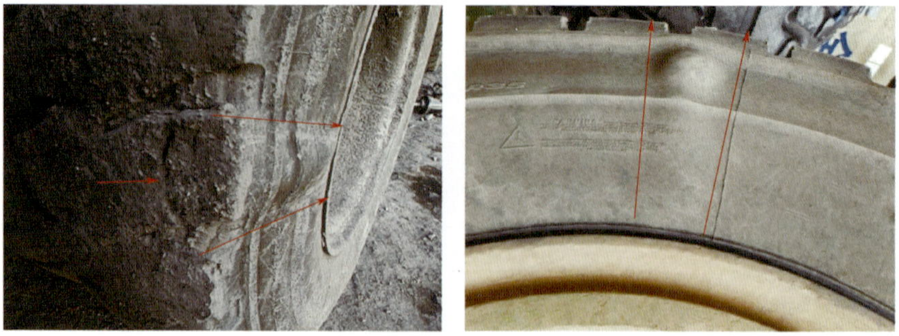

图 8-15

原因：胎冠刺伤、刺穿、外顶内裂，导致胎体钢丝受损而引起。

8.4.4　胎侧径向裂口

特征：胎侧径向裂开一条贯穿胎体的裂口，裂口边缘存在刺扎、撞击痕迹；或者裂口对应的冠部存在明显的外伤痕迹，有时可见伤痕延伸到胎侧的迹象。如图 8-16 所示。

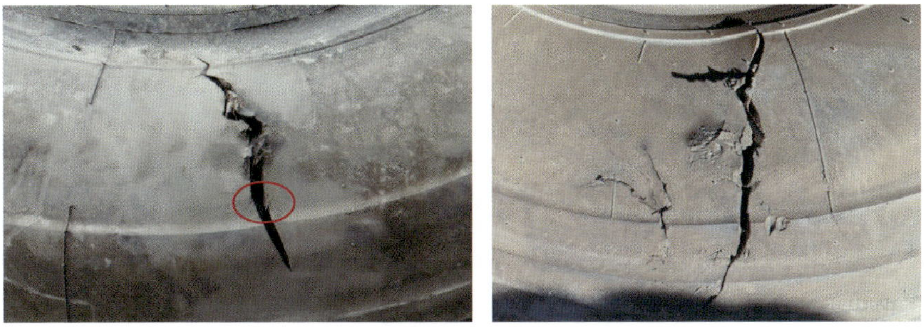

图 8-16

原因：胎侧或者胎冠受到刺扎、撞击而引起胎侧径向裂开且贯穿胎体。俗称“劈缝”。

8.4.5　胎侧缺气碾伤

特征：胎侧局部存在褶皱痕迹、波浪状扭曲痕迹，胎里与胎肩对应位置存在周向褶皱痕迹。严重时胎侧胎体帘线散乱，甚至胎体被揉碎。如图 8-17 所示。

图 8-17

原因：胎体刺穿或轮胎在缺气状态下使用所致。

8.4.6　胎侧爆破

（1）胎侧冲击爆破

特征：胎侧部位存在不同形状的爆破口，胎体帘线断裂，橡胶和帘布之间没有明显剥离的现象。如图 8-18 所示。

图 8-18

原因：胎侧受到外力刺扎、切割、冲击而引起胎体帘线断裂，导致胎侧爆破。

（2）胎侧拉链式爆破

特征：胎侧部位存在周向爆口，胎体帘线断裂，爆破口类似“拉链”形状，有时可见明显刺扎痕迹。如图 8-19 所示。

原因：

① 胎侧受到外力刺扎、切割、冲击而引起胎体帘线断裂，爆口近似于轮胎圆周方向。

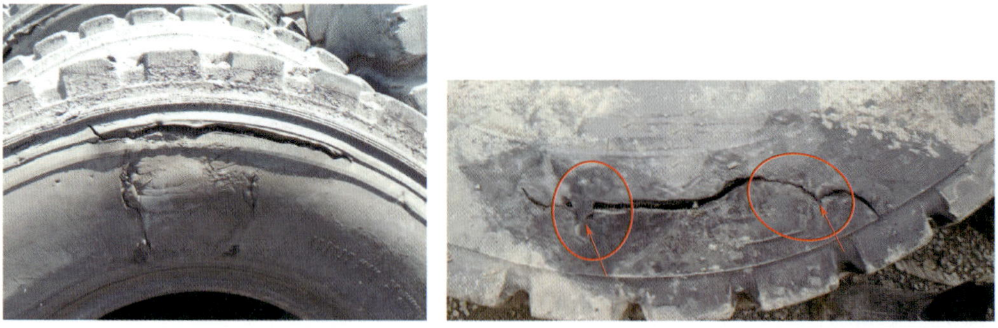

图 8-19

② 胎体帘线受到缺气碾压、反复屈挠，导致胎体在变形最大的区域产生周向爆破，胎里对应位置爆口两端一般存在周向褶皱痕迹。如图 8-20 所示。

图 8-20

8.5 胎圈：常见质量问题

8.5.1 胎圈脱层

特征：胎圈橡胶呈周向长泡状、球状等不同形状鼓起，按压有气泡感，敲击有脱空感，剖开橡胶可见胎体帘线裸露。如图 8-21 所示。

原因：胎圈各部件之间因胶料喷霜、受到污染而存在隔离介质；部件未压实。

另一方面，轮胎气压过低、下沉量过大、屈挠变形过度、高温烧焦等，也会造成部件之间剥离。判断故障时应注意观察变形痕迹和高温痕迹。

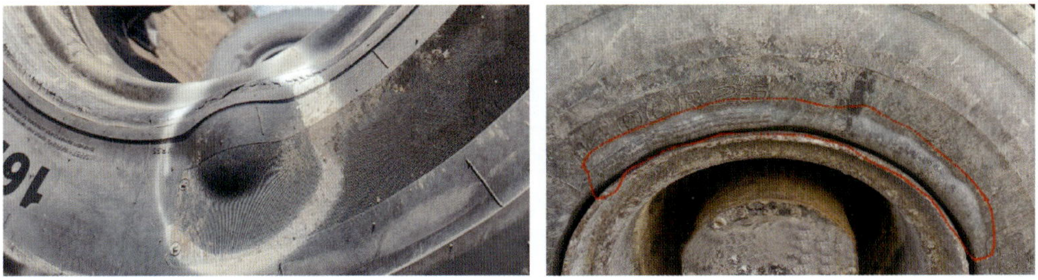

图 8-21

8.6 胎圈：使用不当所致问题

8.6.1 胎圈装配线下沿裂口

特征：胎圈装配线及其下沿，或者是在轮辋的轮缘与胎圈接触范围之内，出现周向裂口。如图 8-22 所示。

原因：轮胎气压和负荷不匹配，轮胎下沉量过大，胎圈与轮缘的边缘摩擦、啃咬；轮缘尺寸偏小、无法给胎圈提供足够的保护。

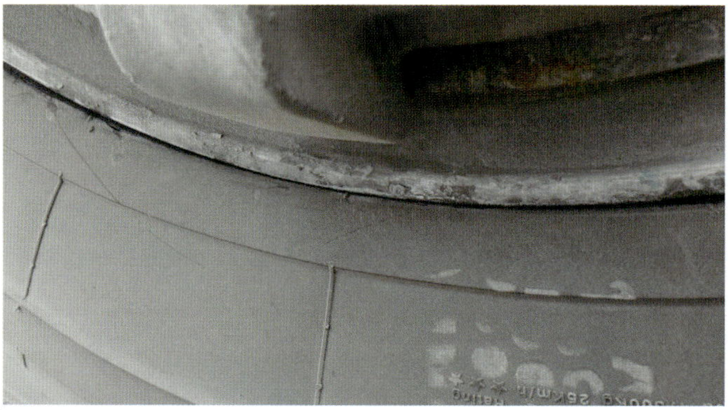

图 8-22

8.6.2 胎圈装配线上沿裂口

特征：胎圈装配线上沿，直到胎侧防擦线范围之内出现的周向裂口。掰开裂口，可见胎体帘线反包端点或者 U 形加强层端点。如图 8-23 所示。

图 8-23

原因：

① 反包端点或者 U 形加强层外侧端点粘合不良，产生剥离，形成脱层，在使用过程中逐步裂开。一般发生在早期，无磨胎圈、胎圈变形、胎圈高温或者胎圈下沿裂口等病象。

② 轮胎气压和负荷不匹配，轮胎下沉量过大，导致反包端点或者 U 形加强层端点达到了屈服极限而产生剥离。一般发生在中晚期，并伴有磨胎圈、胎圈变形、胎圈高温或者胎圈下沿裂口等病象。

8.6.3　胎圈内裂

特征：胎圈内侧出现周向裂口。如图 8-24 所示。

原因：

① 胎圈 U 形加强层内侧端点粘合不良，产生剥离，形成脱层，在使用过程中逐步裂开。一般发生在早期，无磨胎圈、胎圈变形、胎圈高温或者胎圈下沿裂口等病象。

② 轮胎气压和负荷不匹配，轮胎下沉量过大，导致 U 形加强层内侧端点达到了屈服极限而产生剥离。这种情况一般发生在轮胎使用中晚期，并伴有磨胎圈、胎圈变形、胎圈高温或者胎圈下沿裂口等病象。

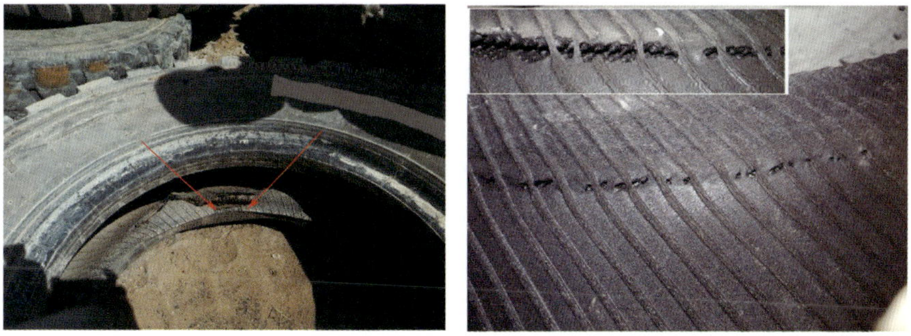

图 8-24

8.6.4　磨胎圈

特征：胎圈装配线下沿，或者是轮辋轮缘与胎圈接触范围之内，出现橡胶被磨损的现象，严重时磨断帘布，露出胎圈钢丝。如图 8-25 所示。

原因：胎圈与轮辋不匹配，包括轮辋偏小、变形、锈蚀，致使胎圈受力部位不正确引起胎圈磨损。轮胎气压和负荷不匹配，轮胎下沉量过大，胎圈与轮缘在行驶过程中反复摩擦，导致胎圈被轮缘磨损。这种病象与“胎圈装配线下沿裂口”的受力原理基本一致，只是表象不同而已。

图 8-25

8.6.5 胎圈割伤

特征：胎圈受到锐物切割，导致胎圈出现裂口、橡胶脱落等现象，严重时会引起胎圈爆破。如图 8-26 所示。

图 8-26

原因：轮辋裂口、炸裂；轮胎安装不当；装胎机割伤胎圈内侧。

8.6.6 胎圈变形

特征：胎圈局部出现弯折、失圆现象，或者胎趾到胎踵之间的平面被挤压变成曲面。如图 8-27 所示。

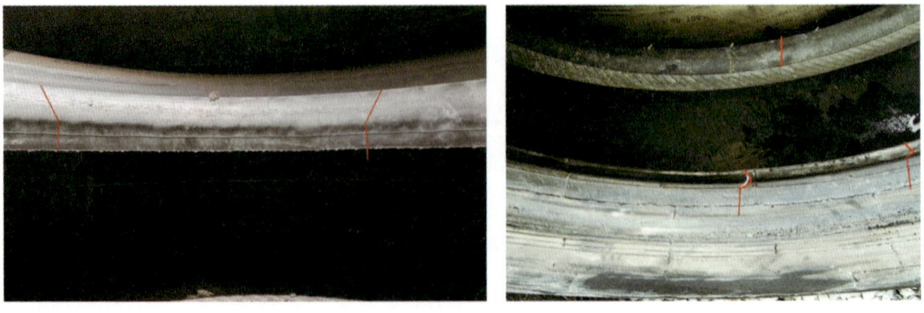

图 8-27

原因：胎圈受外力撬伤或因吊装损伤；胎踵没有准确落到轮辋胎圈座轮廓内，导致胎圈局部或者整体被挤压变形。

8.6.7　胎圈抽丝爆

特征：胎体钢丝的反包部分从钢丝圈处抽出并发生胎圈爆破。如图 8-28 所示。

图 8-28

原因：

① 胎体钢丝反包端点与其他部件剥离，出现胎圈脱层、胎圈裂口，在后续使用中发生胎体钢丝从钢丝圈处抽出。

② 胎圈外侧受到冲击、顶撞、蠕动摩擦等外力作用，导致胎体钢丝从钢丝圈处抽出。

③ 轮辋变形、裂口、炸裂，导致胎圈受力不均、胎体钢丝受到切割，致使胎体钢丝从钢丝圈处抽出。如图 8-29 所示。

图 8-29

④ 胎圈高温烧焦之后，胎圈橡胶弹性下降、附着力下降，引起胎体钢丝从钢丝圈处抽出。如图 8-30 所示。

图 8-30

8.6.8 胎圈齐头爆

特征：胎体钢丝从钢丝圈处断裂引起的胎圈爆破。如图 8-31 所示。

原因：

① 严重超载，胎圈，受力超过胎体钢丝的屈服强度。

② 轮辋变形、锈蚀、裂口、炸裂，切割胎圈处的胎体钢丝，导致胎体钢丝整齐断裂而引起胎圈爆破。

图 8-31

8.6.9 胎圈高温损伤

特征：胎圈橡胶失去弹性、发脆、炭化，橡胶颜色明显有别于其他部位，严重时橡胶与钢丝剥离、胎圈爆破，或者尼龙包布出现熔融状态，更严重时胎圈会燃起明火。如图 8-32 所示。

原因：刹车鼓、轮辋等部件因故产生高温，严重时高温足以导致胎圈钢丝燃起明火；装配不当，胎圈没有准确落在轮辋里面，导致胎圈受力不均而导致胎圈温度异常升高。

图 8-32

8.6.10　胎圈钢丝刺出

特征：胎圈钢丝从胎趾内侧、胎圈底座等部位刺出橡胶表面。如图 8-33 所示。

图 8-33

原因：胎圈钢丝松散、错位；在轮胎运行过程中，钢丝圈接头部位逐步蠕动、刺穿橡胶表面。

8.7　胎里：常见质量问题

8.7.1　胎里不平

特征：胎里有凸起部位或凹陷部位，多表现为局部多胶或缺胶，有时会造成内胎损坏。如图 8-34 所示。

原因：轮胎硫化时，因胶囊老化（表面崩块、裂纹或有杂物），硫化后导致轮胎胎里凹凸不平。

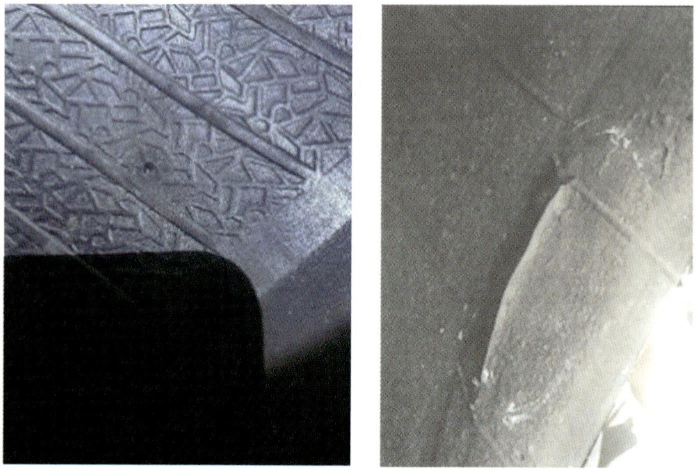

图 8-34

8.7.2 胎里脱层

特征：轮胎胎里鼓起圆滑球状的包，按压时有反弹感觉。如图 8-35 所示。

原因：制造工艺不良，成型时部件压合不佳，层与层之间局部存有气泡，车辆在超载、气压过大、超速时所产生的热能加速了气泡的膨胀。

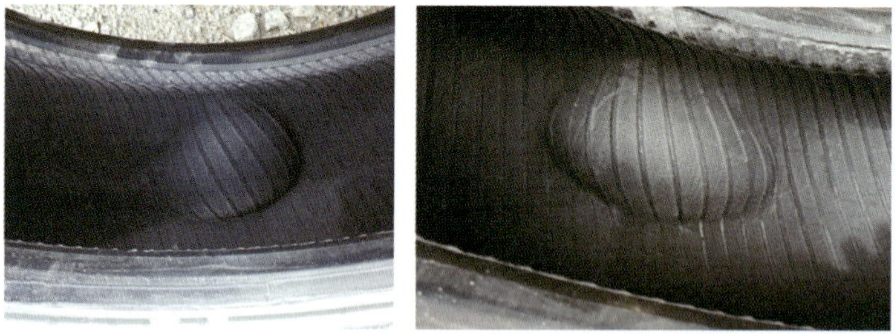

图 8-35

8.7.3 胎里钢丝刺出

特征：胎里出现单根或者多根带束层钢丝。如图 8-36 所示。

原因：轮胎制造过程中，因带束层钢丝端点包边不良，出现带束层钢丝松散刺出。

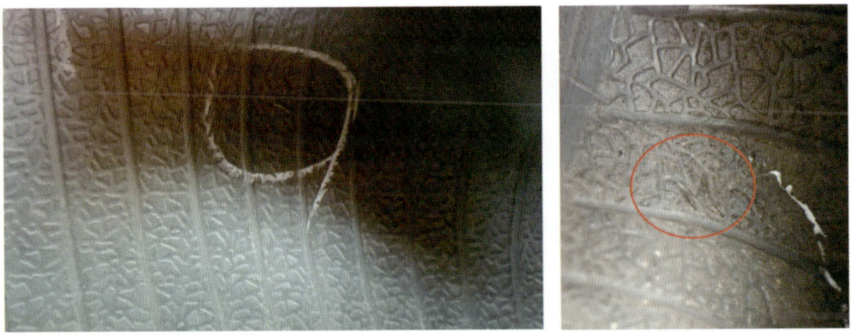

图 8-36

8.7.4　胎里露线

特征：轮胎胎里靠肩、侧部位，局部或整周可清楚地看到胎体钢丝排列的情况。如图 8-37 所示。

原因：制造工艺不良，如胎冠接头过小、垫胶接头小、轮胎胎体定型宽度不足；硫化时，胎体挂胶对应部分向外移动，造成内侧气密层胶向外移位，严重者胎里露出胎体钢丝帘线。

图 8-37

8.7.5　气密层接头开裂

特征：胎里气密层（或内衬层）接头位置有缺胶现象。如图 8-38 所示。

原因：气密层接头粘着不良；接头部位有隔离剂等杂质，造成硫化后缺胶或脱开。

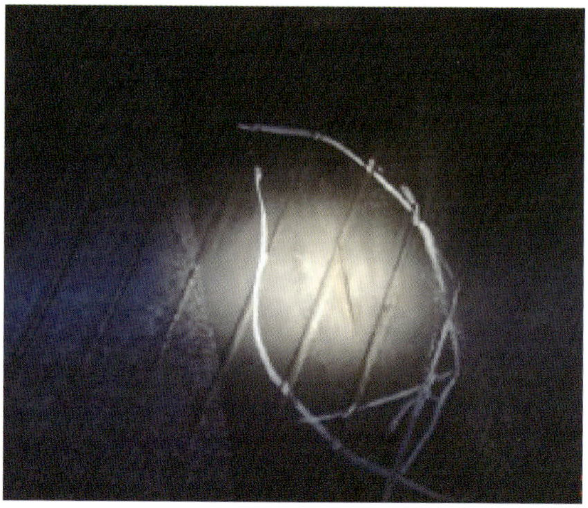

图 8-38

8.8 胎里：使用不当所致问题

8.8.1 外顶内裂

特征：轮胎沿径向方向裂口。一般情况下，胎冠或胎侧伴有明显的擦痕或撞击痕迹，胎里沿胎体帘线方向（子午线方向）裂开，严重者里外穿透。如图 8-39 所示。

原因：轮胎撞击障碍物、挤压路肩、打滑时被障碍物顶伤。

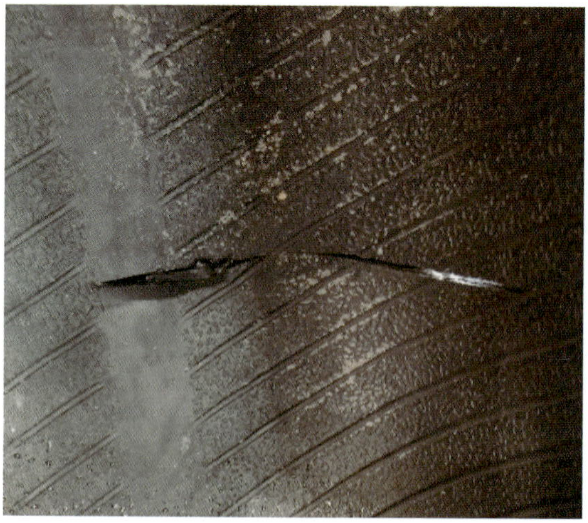

图 8-39

8.8.2　胎里气密层碾伤

特征：轮胎胎里气密层破碎，或肩部有明显折痕，严重时橡胶出现周向聚集或有钢丝刺出。如图 8-40 所示。

原因：轮胎在缺气或无气下使用，轮胎屈挠过大，很容易造成气密层损坏。

图 8-40

第 9 章 工程机械斜交轮胎病象案例分析

工程机械斜交轮胎的帘线按斜线交叉排列，帘布层由多层帘布用橡胶贴合而成，帘线与胎面中心线呈 30° ~ 45° 的角度交叉排列，形成网格状支撑，层数越多强度越大。胎面承受冲击时，帘线交叉角度形成的网格状支撑可将应力分散至整个胎体。工程机械斜交轮胎在矿山碎石路面上的抗穿刺性能比子午胎更高，因此广泛应用于矿山、港口等使用场景。但工程机械斜交轮胎的滚阻高，不宜高速行驶。

9.1 胎冠：常见质量问题

9.1.1 胎面胶脱层

特征：胎面胶与帘布层之间或帘布层与帘布层之间脱开，胎里帘线完好无断裂。如图 9-1 所示。

原因：生产过程中半成品部件存放超期、未压实、溶剂未挥发、胶浆涂刷不均匀、部件间存在异物等，均可造成部件之间粘合不牢，导致脱空。

9.1.2 胎面胶重皮

特征：胎体胶料出现分层，胎面胶一层一层分离脱落的现象。如图 9-2 所示。

原因：生产过程中，胶料有杂质、流动性能差或胎坯表面粘有隔离剂、油污等造成胶料粘合不良。

图 9-1

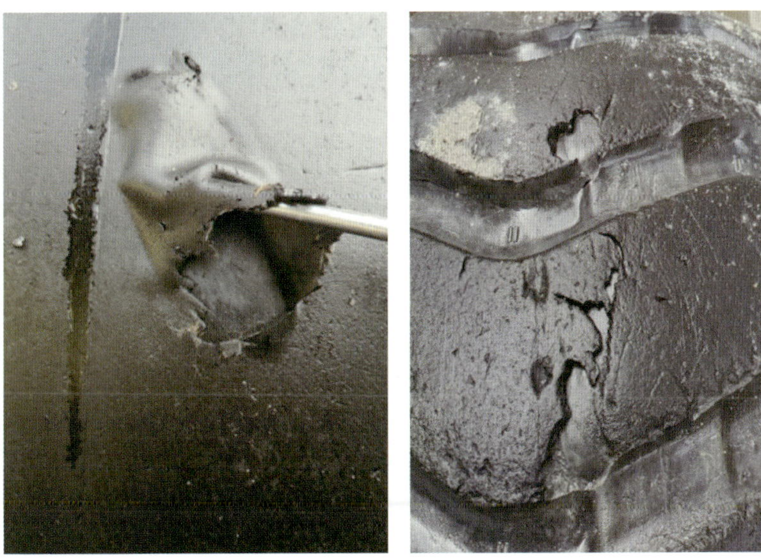

图 9-2

9.1.3　胎面胶欠硫

特征：胎面存在海绵状缺陷，呈发黏现象（没有弹性，使用硬物按压后，表面印痕不能恢复）。如图 9-3 所示。

图 9-3

原因：生产过程中漏加硫化剂；硫化三要素（时间、温度、压力）不符合要求，造成产品硫化程度低，胶料交联密度不够。

9.1.4 胎冠露线

特征：轮胎花纹沟底帘线露出现象。如图 9-4 所示。

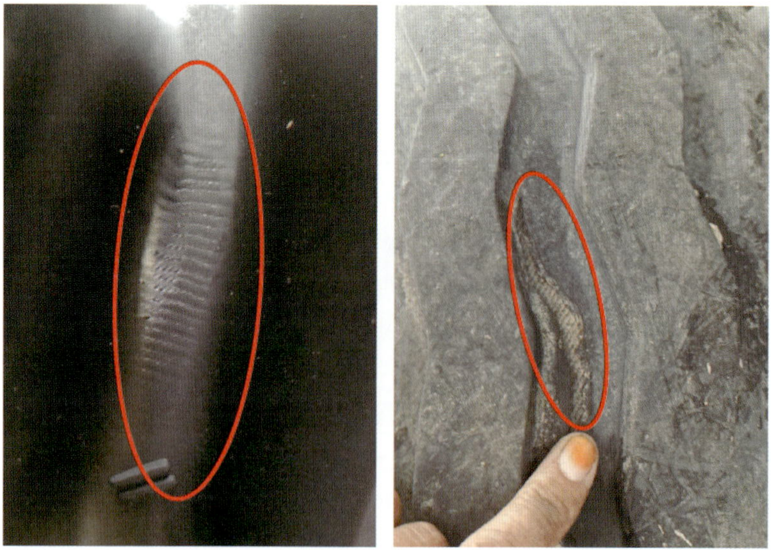

图 9-4

原因：生产过程中部件偏歪、胶料量偏低，造成胎体表面局部材料不足，帘线外显。

9.2　胎冠：使用不当所致问题

9.2.1　胎冠龟裂

特征：胎冠的花纹沟底出现不同程度的裂纹。如图 9-5 所示。

原因：轮胎充气压力过高，胎体过度伸展，轮胎长时间在高温下暴晒，受紫外线与臭氧作用，产生热氧老化，造成橡胶间大分子链断裂，表面出现龟裂老化现象；在较低环境温度下，轮胎橡胶呈现玻璃化状态，使用或存放过程中充气压力过低，轮胎支撑力下降，变形增大，导致老化龟裂。

图 9-5

9.2.2　胎冠啃伤

特征：胎冠胶成块脱落，表面粗糙，有外伤撕裂痕迹。如图 9-6 所示。

原因：外胎在行驶过程中，被尖锐物体刺划，继续行驶后划伤胶块被啃掉；或工作环境比较恶劣，作业时胎冠被石块等硬物硌伤所致。

图 9-6

9.2.3 胎冠中央磨损

特征：胎冠中央区域出现花纹快速磨损的现象。如图 9-7 所示。

原因：轮胎在使用时充气压力过高，致使接地面积相对减少，冠中部单位面积上的受力增大，加速了胎冠中部的磨损。此外，装载机或推土机的轮胎在作业中频繁瞬时受力的情况下也易导致胎冠中央提前磨损。

图 9-7

9.2.4　刹车痕

特征：花纹出现毛边、起皮等现象。如图 9-8 所示。

原因：常见于硬质路面调试车辆紧急制动，因轮胎产生滑动摩擦致使花纹行驶方向边部或侧壁出现早期磨损。

图 9-8

9.2.5　胎冠刺穿

特征：胎冠刺穿爆破，爆破伤口处有明显受冲击、刺割的痕迹。如图 9-9 所示。

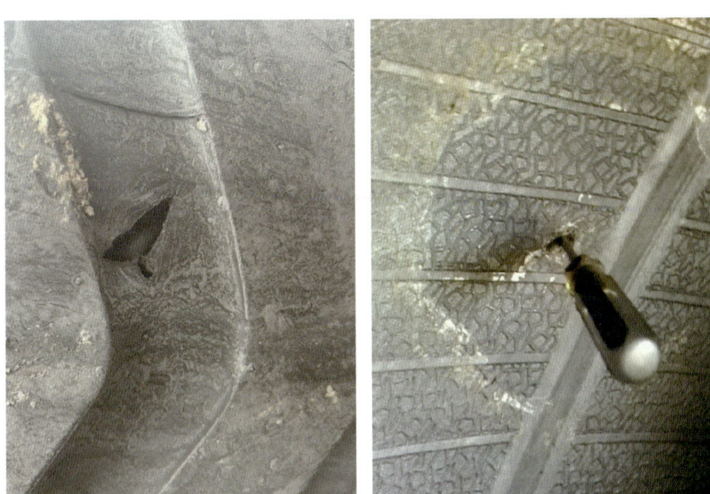

图 9-9

原因：行驶过程中碰撞障碍物，轮胎被尖锐物顶撞刺穿爆破。

9.2.6 屈挠痕

特征：轮胎花纹根部褶皱，胎冠扭曲产生的表面印记。如图 9-10 所示。

原因：轮胎在气压偏低的状态下长时间存放或使用，花纹屈挠变形增大，根部应力集中产生痕迹，初期出现时可擦除。

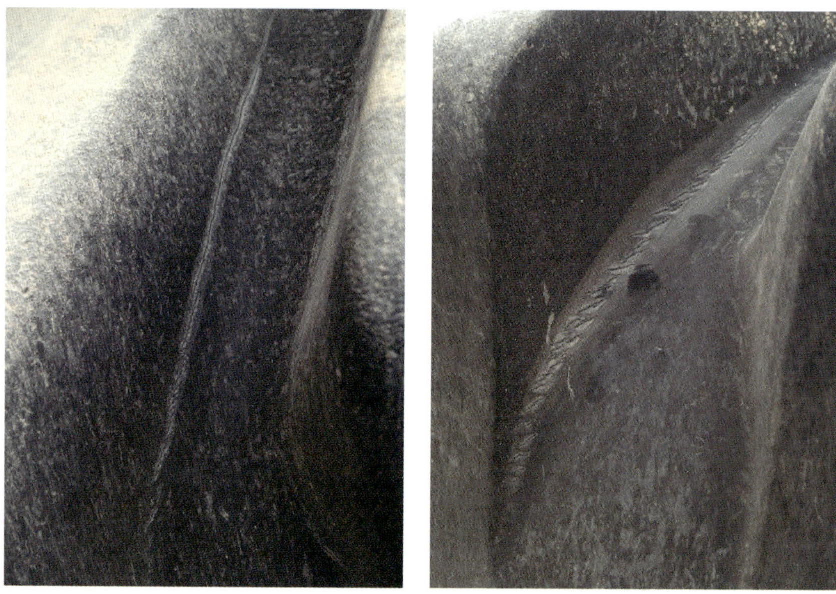

图 9-10

9.3 胎肩：常见质量问题

9.3.1 肩部脱层

特征：胎肩胶与帘布层或帘布层之间脱离的现象，胎里帘线完好无断裂。如图 9-11 所示。

原因：生产过程中部件超期、未压实、溶剂未挥发、胶浆涂刷不均匀、部件间存在异物，造成部件之间粘合不牢；使用过程中因轮胎生热亦可导致肩部脱层。

图 9-11

9.4 胎肩：使用不当所致问题

9.4.1 胎肩划伤

特征：胎肩胶受外力成块脱落，且有外伤痕迹。如图 9-12 所示。

图 9-12

原因：外胎在行驶过程中，被尖锐物体刺划，继续行驶后划伤胶块被啃掉；或工作环境比较恶劣，作业时胎肩被硬物硌伤所致。

9.5 胎侧：常见质量问题

9.5.1 胎侧重皮

特征：轮胎胎侧胶料出现分层，且分层部位呈倾斜角度并光滑可延伸。如图 9-13 所示。

原因：生产过程中，部件偏歪，造成材料流动大；部件搭接位置未压实；胎坯表面粘有隔离剂、油污等造成胶料粘合不良。

图 9-13

9.5.2 胎侧脱空

特征：胎侧胶与帘布层之间脱离，导致胎侧胶鼓起，胎里帘线完好无断裂。如图 9-14 所示。

原因：生产过程中侧部挂胶不均匀，成型时部件未压实，导致轮胎表面出现脱层型气泡。

图 9-14

9.6 胎侧：使用不当所致问题

9.6.1 胎侧径向裂口

特征：轮胎花纹与胎侧结合处出现径向裂口，且裂口处无划伤痕迹。如图 9-15 所示。

原因：胎侧支撑性能不足，下沉量过大或胎侧胶的耐屈挠性能差，行驶过程中屈挠变形造成裂口；或因使用过程中负荷过大、气压过低、扭矩过大、车辆长期停放时轮胎未悬空架起造成。

9.6.2 胎侧割伤

特征：胎侧胶有外部剐伤和切割痕迹。如图 9-16 所示。

原因：外胎在行驶、作业过程中，被尖锐物体刺划所致。

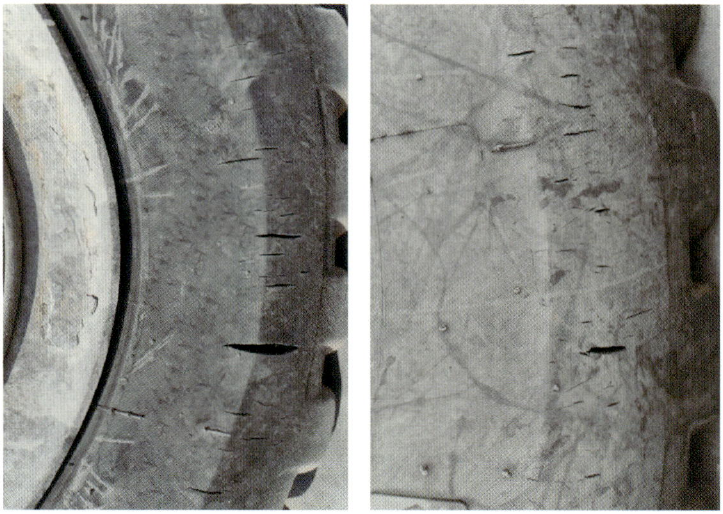

图 9-15

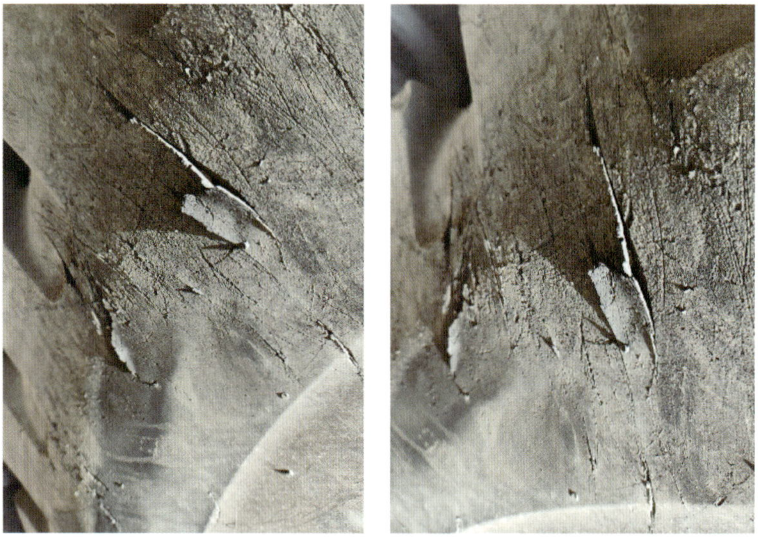

图 9-16

9.6.3 胎侧龟裂

特征：胎侧多处片状裂纹，部分区域内外侧对应。如图 9-17 所示。

原因：轮胎充气压力过大，胎侧受到的屈挠程度大、形变量大；轮胎长时间在高温下暴晒，受紫外线与臭氧作用，产生热氧老化，造成橡胶大分子链断裂，表面出现龟裂老化现象；在较低环境温度下，轮胎橡胶呈现玻璃化状态，使用或存放过程中充气压力过低，轮胎支撑力下降，变形增大，导致老化龟裂。

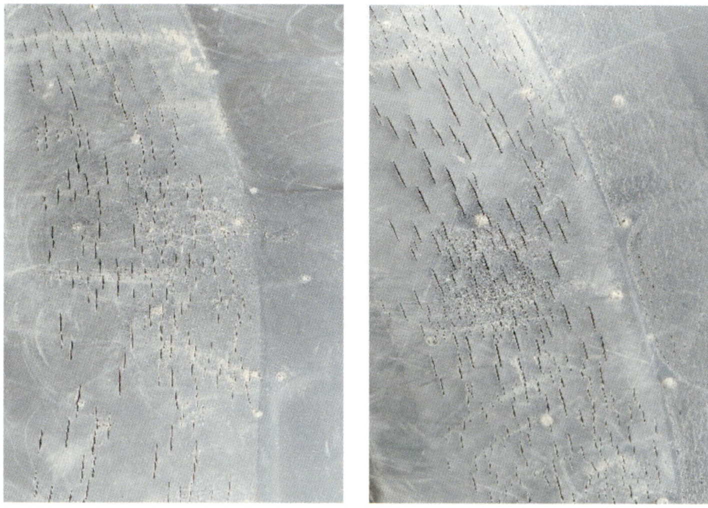

图 9-17

9.7 胎圈：常见质量问题

9.7.1 胎圈脱层

特征：轮胎圈口处钢丝与包布脱离，严重时出现圈口爆裂。如图 9-18 所示。

图 9-18

原因： 生产过程中，钢丝覆胶少、钢丝圈高低错位或帘布未压实，导致圈口部位粘合性能下降。钢丝与帘布直接摩擦产生高温，熔断帘布层产生爆裂。

9.7.2 钢丝刺出

特征： 胎圈部位钢丝单根或多根抽出。如图 9-19 所示。

原因： 生产过程中钢丝圈局部覆胶少，钢丝接头未压实或成型时压辊划伤钢丝。

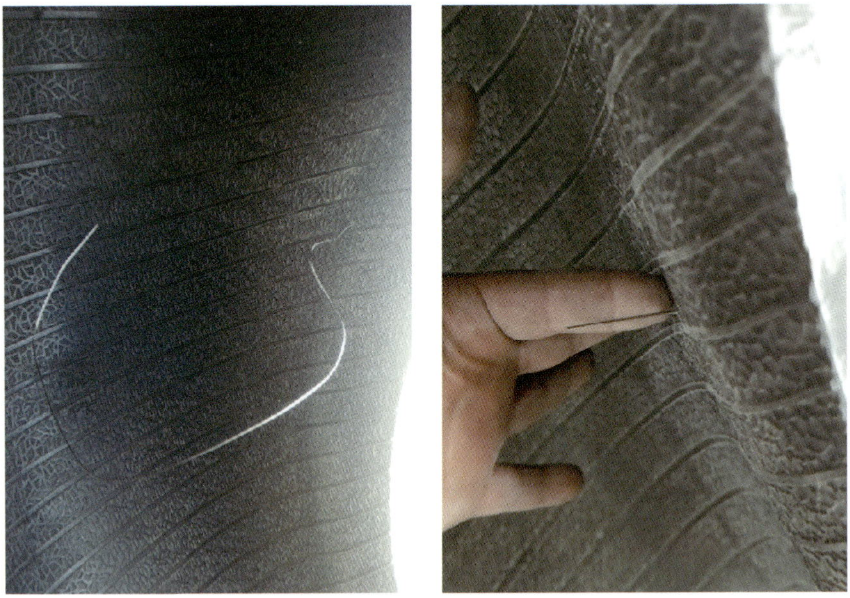

图 9-19

9.8 胎圈：使用不当所致问题

9.8.1 磨胎圈

特征： 胎圈接触轮辋部位出现磨损现象。如图 9-20 所示。

原因： 车辆超载或轮辋尺寸与轮胎尺寸不匹配，车辆行驶过程中轮胎与轮辋配合处产生相对位移，磨伤轮胎胎圈。

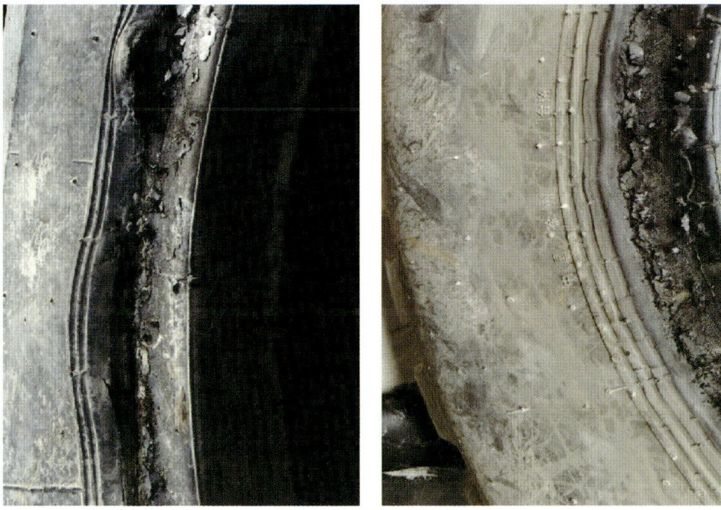

图 9-20

9.9 胎里：常见质量问题

9.9.1 胎里跳线

特征：胎里帘线局部呈根状跳起，严重时成片跳起。如图 9-21 所示。

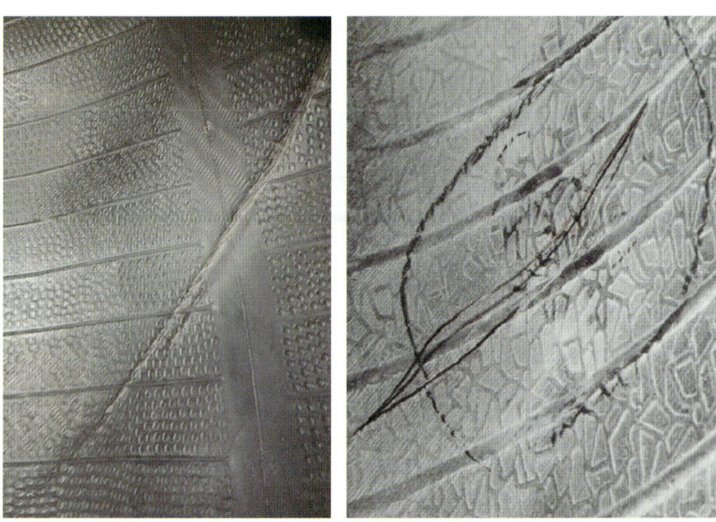

图 9-21

原因：生产过程中帘布帘线劈缝未取出、帘布层有弯曲现象、局部覆胶不均匀、未压实。

9.9.2 胎里脱层

特征：胎体胶与帘布层之间脱开，呈现球形圆滑的包，胎里帘线无断裂。如图 9-22 所示。

原因：生产过程中部件超期、未压实、溶剂油未挥发、胶浆涂刷不均匀、部件间存在异物，造成部件之间粘合不牢。

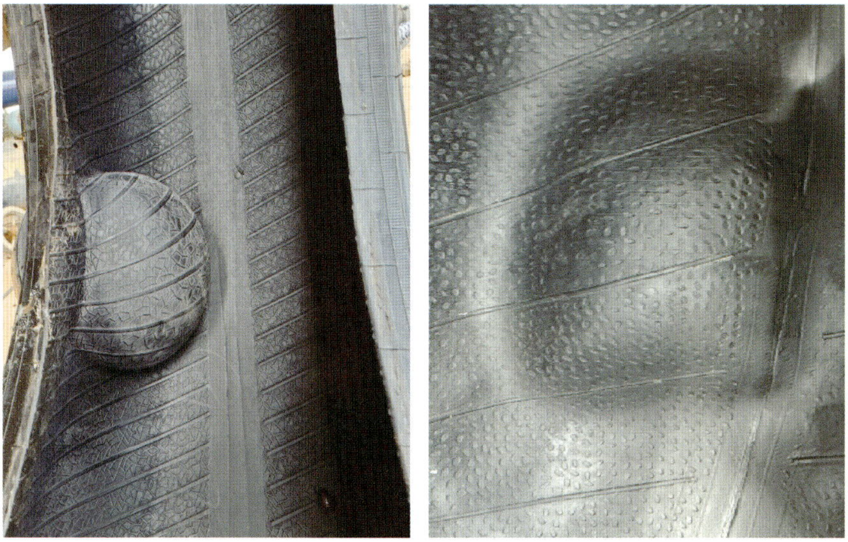

图 9-22

9.10 胎里：使用不当所致问题

9.10.1 垫伤

特征：轮胎冠部起鼓或爆破，轮胎内腔位置帘线断裂，损坏处一般呈现“X”“Y”“/”形。如图 9-23 所示。

原因：轮胎气压过高或负荷过大时，轮胎顶撞障碍物后，轮胎受冲击，胎冠局部应力集中，导致内腔骨架材料断裂，造成爆胎。

图 9-23

9.10.2　帘线折断

特征：轮胎内腔侧部帘布层沿帘布方向松散、断裂。如图 9-24 所示。

原因：轮胎气压不足或负载过大造成胎侧支撑性能下降，导致帘布层折断或爆破。

图 9-24

第 10 章

农业轮胎病象案例分析

农业轮胎是专门为满足农业和农耕作业独特需求而设计的轮胎，通常用于拖拉机、联合收割机、装载机等农业机械车辆。农业轮胎具有高耐磨、高承载等优异的性能特点，广泛应用于农田耕作、播种、施肥、收割等各种农业生产环节，以及在农场内的物料运输等工作。

10.1 胎冠：常见质量问题

10.1.1 胎面胶脱层

特征：胎面胶与帘布层之间脱开，或帘布层与帘布层之间脱开，胎里帘线完好无断裂。如图 10-1 所示。

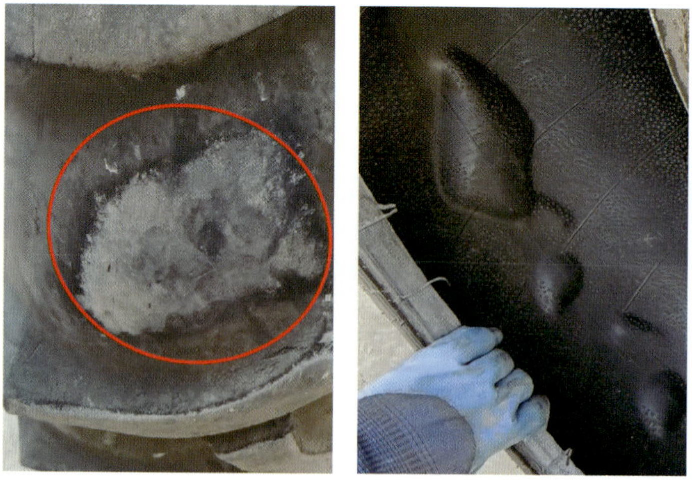

图 10-1

原因：生产过程中半成品部件存放超期、未压实、溶剂未挥发、胶浆涂刷不均匀、部件间存在异物等，均可造成部件之间粘合不牢，导致脱空。

10.1.2　胎面胶重皮

特征：轮胎胎体胶料出现分层，胎面胶一层一层分离脱落的现象。如图 10-2 所示。

原因：生产过程中，胶料有杂质、流动性能差，或胎坯表面粘有隔离剂、油污等。

图 10-2

10.1.3　胎面胶欠硫

特征：轮胎外表面或材料之间存在海绵状缺陷，呈发黏现象（没有弹性，使用硬物按压后，表面印痕不能恢复）。如图 10-3 所示。

原因：生产过程中漏加硫化剂，硫化三要素（时间、温度、压力）不符合要求，造成产品硫化程度低，胶料交联密度不足。

10.1.4　胎冠花纹根裂

特征：多个花纹根部出现非前进方向裂口，且裂口内部平滑，无划伤痕迹。如图 10-4 所示。

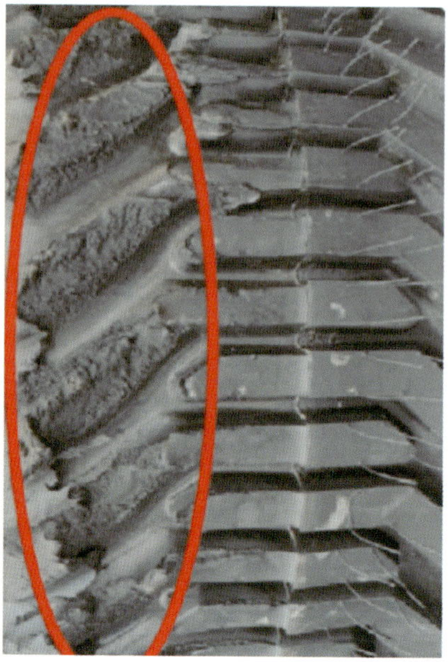

图 10-3

图 10-4

原因：胶料屈挠性能欠佳、冠部胶料厚度不足或分布不均，行驶过程中花纹屈挠变形，造成根部开裂。

10.1.5 胎冠露线

特征：轮胎花纹沟底帘线露出的现象。如图 10-5 所示。

原因： 生产过程中部件偏歪，造成轮胎表面局部材料不足，帘线外显。

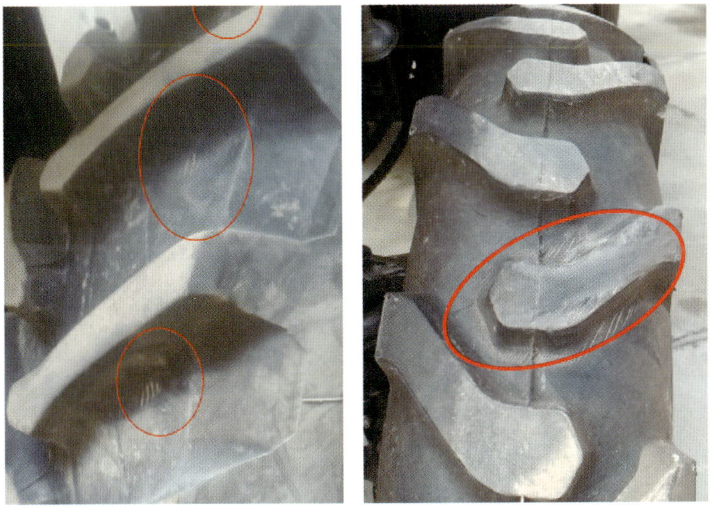

图 10-5

10.1.6 胎冠花纹沟裂

特征： 胎面花纹沟底沿周向连续性开裂，无表面刺扎痕迹，一般发生在纵向花纹内。如图 10-6 所示。

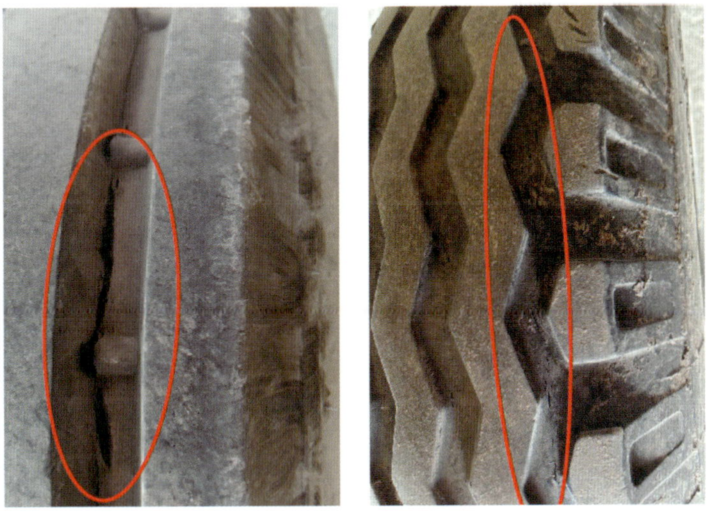

图 10-6

原因： 胎面胶过硫或屈挠性能欠佳；生产过程中部件偏歪，造成局部基部胶过薄。

10.2 胎冠：使用不当所致问题

10.2.1 胎冠龟裂

特征：胎冠花纹沟底等裂纹。如图 10-7 所示。

原因：轮胎充气压力过高，胎体过度伸展；轮胎长时间在高温下暴晒，受紫外线与臭氧作用，产生热氧老化，造成橡胶间大分子链断裂，表面出现龟裂老化现象；在较低环境温度下，轮胎橡胶呈现玻璃化状态，使用或存放过程中充气压力过低，轮胎支撑力下降，变形增大，导致老化龟裂。

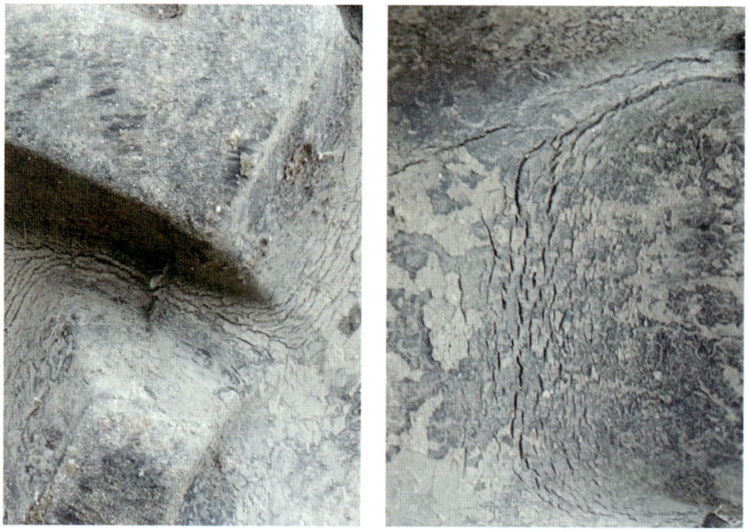

图 10-7

10.2.2 胎冠啃伤

特征：胎冠胶成块脱落，表面粗糙，有外伤撕裂痕迹。如图 10-8 所示。

原因：外胎在行驶过程中，被尖锐物体刺划，继续行驶后划伤胶块被啃掉；或工作环境比较恶劣，作业时胎冠被石块等硬物硌伤所致。

10.2.3 胎冠磨损：胎冠单侧磨损

特征：胎冠花纹单侧出现快速磨损的现象。如图 10-9 所示。

图 10-8

原因：车辆前束或外倾角不符合标准；多发生于牵引挂车，轮胎一侧受力过大造成偏磨。

图 10-9

10.2.4　胎冠磨损：胎冠中央磨损

特征：胎冠中央区域出现花纹快速磨损的现象。如图 10-10 所示。

原因：胎压过高，致使接地面积减少，胎冠中部单位面积受压增大，致使胎冠中部磨损加剧。

图 10-10

10.2.5 胎冠磨损：畸形磨损

特征：冠部呈波浪状、锯齿状、坡状快速磨损。如图 10-11 所示。

原因：车辆前后轴不平行，车轮不平衡，使轮胎受力不均衡；使用牵引挂车在硬质路面上行驶、打四驱等均会造成轮胎冠部花纹畸形磨损；轮辋尺寸不符合标准，造成行驶中轮胎摆动，亦可导致畸形磨损。

图 10-11

10.2.6 胎冠磨损：刹车痕

特征：轮胎花纹出现毛边、起皮等早期磨损现象。如图 10-12 所示。

原因：常见于硬质路面调试车辆紧急制动或频繁刹车制动，轮胎产生滑动摩擦发生蠕动形变，致使花纹出现早期磨损。

图 10-12

10.2.7 屈挠痕

特征：轮胎花纹根部褶皱，扭曲变形产生的表面痕迹。如图 10-13 所示。

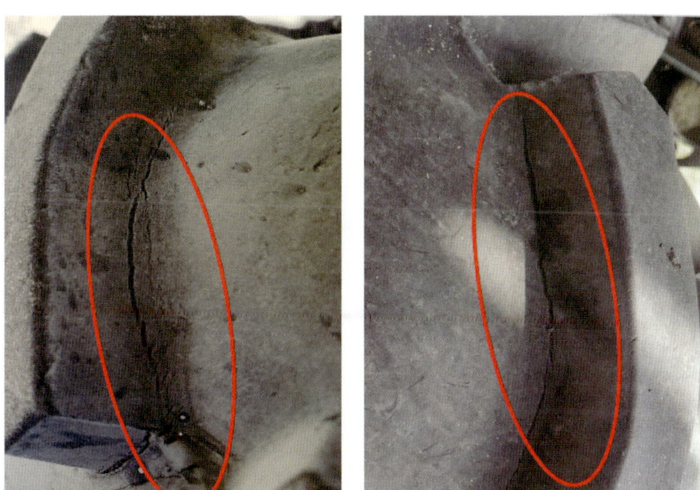

图 10-13

原因：轮胎气压偏低的状态下长时间存放或使用，花纹屈挠变形增大，根部应力集中产生痕迹。初期出现时可擦除。

10.2.8 胎冠扎伤

特征： 轮胎表面出现蜂窝状或无规则刺痕。如图 10-14 所示。

原因： 轮胎在坚硬的农作物秸秆（棉花秸秆、葵花秸秆、玉米秸秆、大豆秸秆、芝麻秆等）田地上行驶造成胎面刺伤。

图 10-14

10.2.9 胎冠掰伤

特征： 前进方向的花纹根部上方裂口，裂口处有明显撕裂痕迹。如图 10-15 所示。

图 10-15

原因： 车辆转场时行驶在硬质路面或通过障碍物时，花纹根部上方受力集中，造成轮胎花纹块开裂。

10.3 胎肩：常见质量问题

10.3.1 肩部脱层

特征： 胎体胶与帘布层或帘布层之间脱离，胎里帘线完好无断裂。如图 10-16 所示。

原因： 生产过程中部件超期、未压实、溶剂未挥发、胶浆涂刷不均匀、部件间存在异物，造成部件之间粘合不牢。

图 10-16

10.4 胎肩：使用不当所致问题

10.4.1 胎肩啃伤

特征： 胎肩胶受外力成块脱落，且有外伤痕迹。如图 10-17 所示。

原因： 外胎在行驶过程中，被尖锐物体刺划，继续行驶后划伤胶块被啃掉；或工作环境比较恶劣，作业时胎肩被硬物硌伤所致。

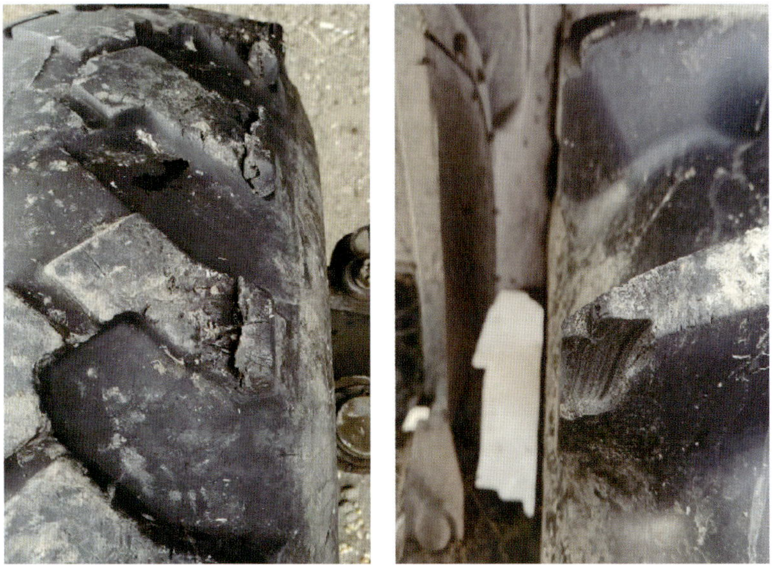

图 10-17

10.5 胎侧：常见质量问题

10.5.1 胎侧重皮

特征： 胎侧胶料出现分层，且分层部位呈倾斜角度，裂口光滑可延伸。如图 10-18 所示。

原因： 生产过程中，材料流动大；部件搭接位置未压实；胎坯表面粘有隔离剂、油污等造成胶料粘合不良。

10.5.2 胎侧接头开裂

特征： 胎侧接头部位呈坡度裂口，裂口处两面光滑。如图 10-19 所示。

原因： 生产过程中胎侧接头未压实；接头位置有杂质、溶剂未挥发干净等。

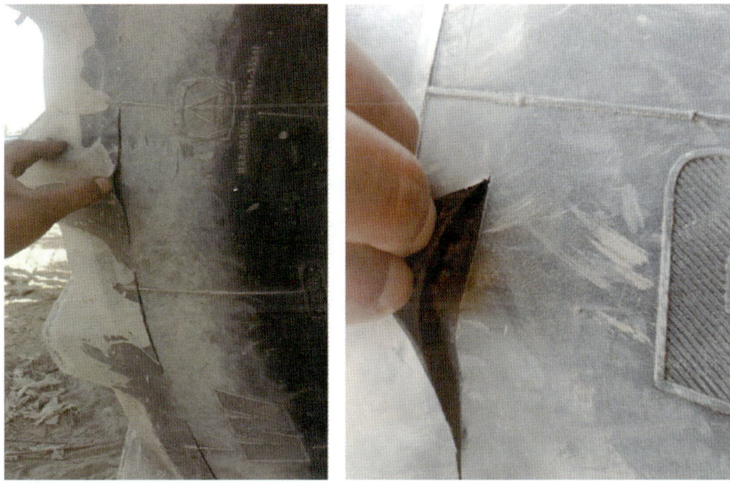

图 10-18

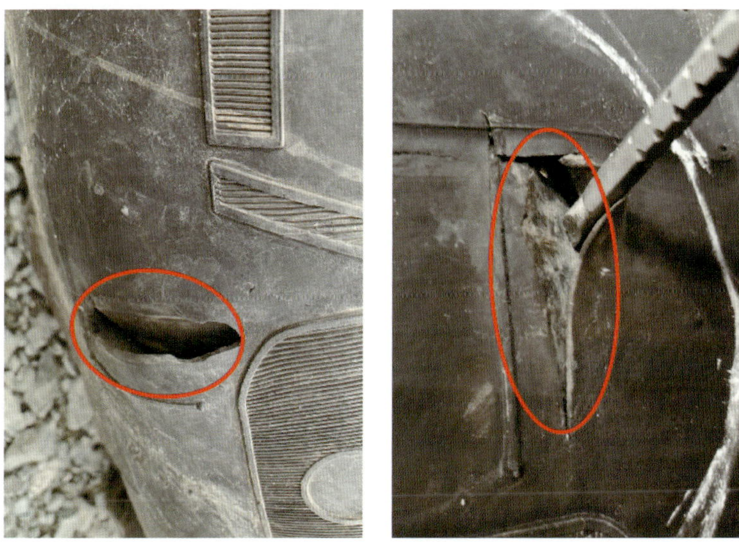

图 10-19

10.6　胎侧：使用不当所致问题

10.6.1　胎侧划伤

特征：胎侧有外部剐伤和切割痕迹。如图 10-20 所示。

原因：在行驶、作业过程中，胎侧被尖锐物体刺划所致。

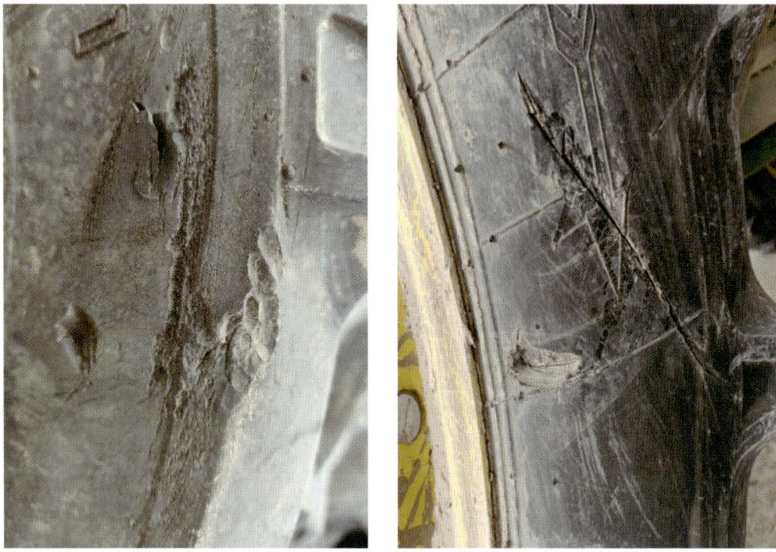

图 10-20

10.6.2 胎侧龟裂

特征：胎侧有多处片状裂纹，部分区域的病象会出现内外侧对应。如图 10-21 所示。

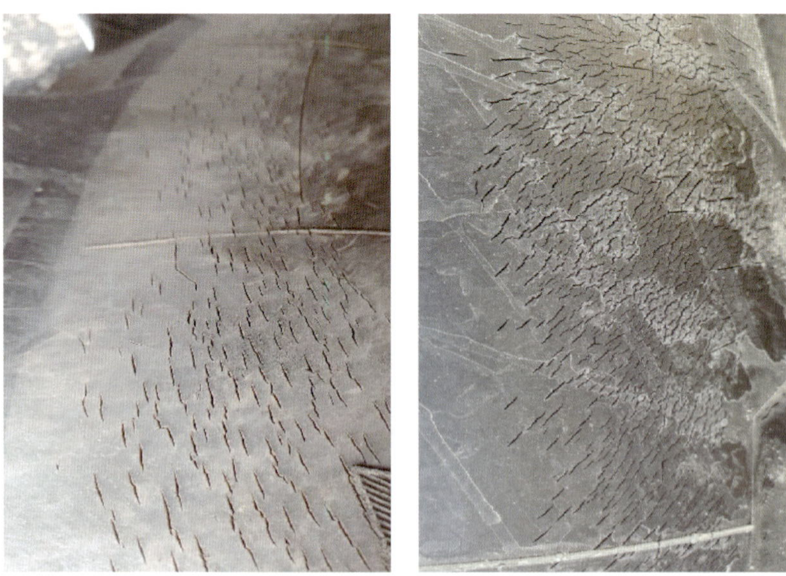

图 10-21

原因：轮胎充气压力过大导致胎体过度伸展；轮胎在高温环境下长期暴晒时，紫外线与臭氧会引发热氧老化反应，导致橡胶大分子链断裂并在表面形成龟裂；而在低温环境中，橡胶会进入玻璃化状态，若此时充气压力不足，轮胎因支撑力下降将产生过度变形，进而加速老化龟裂现象的发生。

10.6.3　缺气碾伤

特征：轮胎花纹块与胎肩接合处多处鼓包，胎侧严重变形，胎里对应位置帘线松散、折断。如图 10-22 所示。

原因：轮胎在缺气状态或长期超载状态下作业，胎侧变形过大，帘线疲劳松散折断，严重时会引起爆破。

图 10-22

10.7　胎圈：常见质量问题

10.7.1　胎圈脱层

特征：轮胎圈口处钢丝与包布脱离，严重时出现圈口爆裂。如图 10-23 所示。

原因：生产过程中，钢丝覆胶少、钢丝圈高低错位或帘布未压实，导致圈口部位粘合性能下降。钢丝与帘布直接摩擦产生高温，可熔断帘布层进而导致爆裂。

图 10-23

10.7.2　钢丝刺出

特征：胎圈部位钢丝抽出。如图 10-24 所示。

图 10-24

原因： 生产过程中钢丝圈局部覆胶少、钢丝接头未压实或成型时压辊划伤钢丝。

10.8　胎圈：使用不当所致问题

10.8.1　割趾口

特征： 轮胎胎圈内部或胎趾周向割伤或割断帘线的现象。如图 10-25 所示。

原因： 轮辋轮缘处存在锋利毛刺、R 弧尺寸不符合标准；装配过程中因设备故障或操作不当割伤胎圈帘布层。

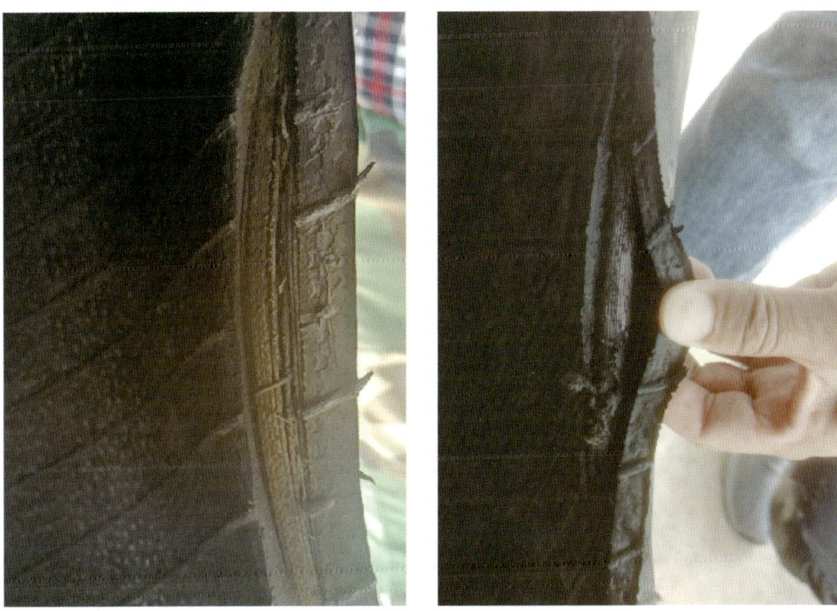

图 10-25

10.8.2　磨胎圈

特征： 胎圈接触轮辋部位出现磨损现象。如图 10-26 所示。

原因： 车辆超载或轮辋尺寸与轮胎尺寸不匹配，车辆行驶过程中轮胎与轮辋配合处产生相对位移，磨伤轮胎胎圈。

图 10-26

10.9 胎里：常见质量问题

10.9.1 胎里露线

特征：胎里帘线局部呈根状跳起，严重时成片跳起。如图 10-27 所示。

图 10-27

原因：生产过程中帘帘线劈缝未取出、帘布层有弯曲现象、局部覆胶不均匀、未压实。

10.9.2　胎里脱层

特征：胎体胶与帘布层之间脱开，呈现球形圆滑的包，胎里帘线无断裂。如图 10-28 所示。

原因：生产过程中部件超期、未压实、溶剂未挥发、胶浆涂刷不均匀、部件间存在异物，因而造成部件之间粘合不牢。

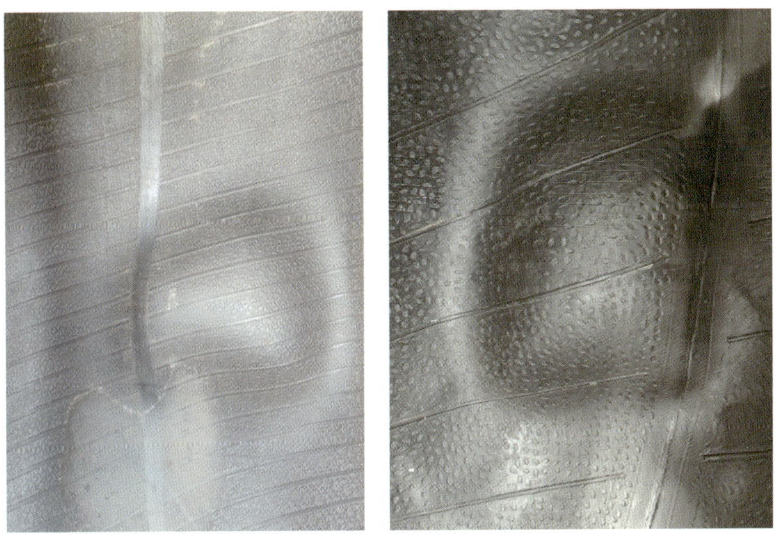

图 10-28

10.10　胎里：使用不当所致问题

10.10.1　垫伤

特征：轮胎冠部起鼓或爆破，轮胎内腔位置帘线断裂，损坏处一般呈现“X”“Y”“/”形。如图 10-29 所示。

原因：轮胎气压过高或负荷过大时，轮胎顶撞障碍物后，轮胎受冲击，胎冠局部应力集中，导致内腔骨架材料断裂，造成爆胎。

图 10-29

10.10.2 帘线折断

特征：轮胎内腔侧部（常见于胎圈下侧）帘布层沿帘布方向松散、断裂。如图 10-30 所示。

原因：轮胎气压不足或负载过大造成胎侧支撑性能下降，导致帘布层折断或爆破。

图 10-30

第 11 章 工业车辆轮胎病象案例分析

11.1 胎冠：常见质量问题

11.1.1 胎冠重皮

特征：冠部胎面胶表面层脱落。如图 11-1 所示。

原因：生产过程中胶料混炼不均；制造过程中，胶片有杂质、油污或表层胎面过硫等。

图 11-1

11.2 胎冠：使用不当所致问题

11.2.1 胎冠硬伤

特征：冠部割伤、划伤。如图 11-2 所示。

原因：作业时遇尖锐硬物，或在泥泞松软路面上车轮打滑时，胎面被尖锐物体划伤。

图 11-2

11.2.2 胎冠中央磨损

特征：胎冠中心位置严重磨损。如图 11-3 所示。

原因：轮胎在使用时充气压力过高，致使接地面积相对减少，胎冠中部单位面积上的受力增大，加速了胎冠中部的磨损。

图 11-3

11.2.3　鱼鳞状磨损

特征：轮胎胎面花纹边缘，沿周向呈鱼鳞状磨损，也就是沿轮胎的滚动方向，花纹块出现前高后低的磨损。如图 11-4 所示。

原因：由于沿轮胎周向的同一条花纹不是连续的，花纹块与花纹块之间有沟槽，当轮胎滚动时，每块花纹由前到后，变形量由小到大，磨损量也由少到多，最终产生这种前高后低的磨损。块状花纹最容易产生此类磨损，且原始花纹沟越深越容易产生。

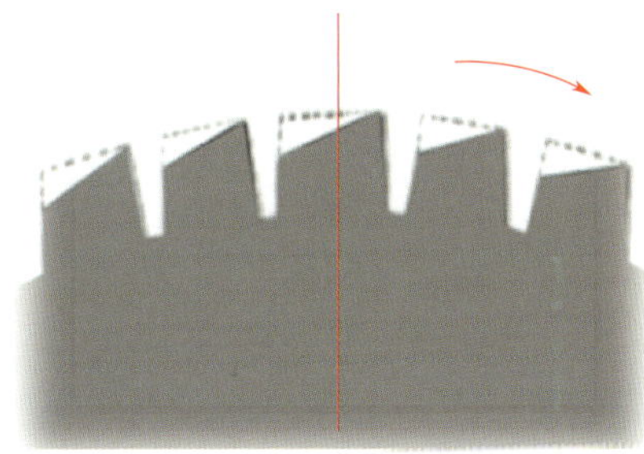

图 11-4

11.2.4　胎冠刺穿

特征：冠部被尖锐物刺穿或刺伤，斜交轮胎有时引起胎体帘线脱层，严重时会引起轮胎爆破。如图 11-5 所示。

原因：轮胎在使用过程中，胎冠由于受尖锐物刺扎、切割，使缓冲层和胎体帘布层被刺断。

图 11-5

11.2.5　花纹沟裂

特征：轮胎花纹的根部出现开裂。如图 11-6 所示。

原因：轮胎花纹深度深，载重过大，软土质路面行驶，花纹块摆动过大导致裂口；长时间停放等。

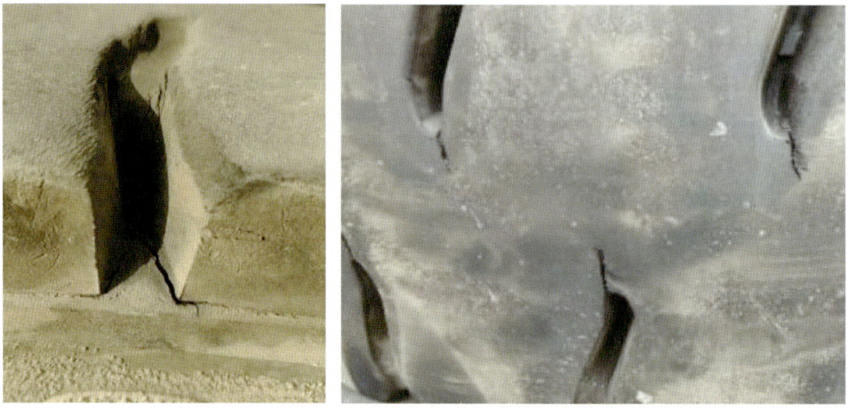

图 11-6

11.2.6 倒角磨损

特征：轮胎花纹块边缘被啃伤，呈倒角形状，严重时花纹块被磨损至圆角状态。如图 11-7 所示。

原因：车辆启动油门过大而轮胎原地打滑、急刹车时抱死轮胎而引起轮胎局部表面异常磨损；车辆在行驶过程中，遇有边缘或棱角较为锐利的障碍物（如台阶等）而损伤花纹块边部或直接啃扯花纹块边部。

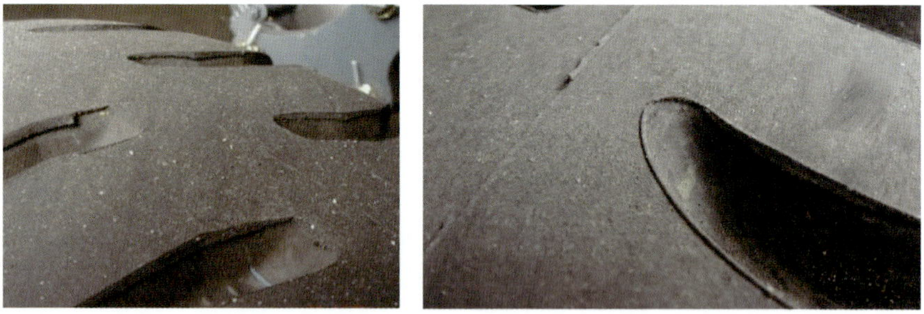

图 11-7

11.2.7 胎冠啃伤

特征：轮胎胎冠呈粗糙状况，胎面胶成块脱落。如图 11-8 所示。

原因：轮胎在较差路面上作业，胎面被尖锐物体割伤所致。石材加工场地较为常见。

图 11-8

11.3　胎肩：常见质量问题

11.3.1　胎肩脱层

特征：在使用早期，轮胎胎肩部出现凸起，用手指按压有明显气泡感。割开胎肩部橡胶，可见界面较光滑。继续使用后，肩部脱层伴有周向裂口，有溶剂类物质析出。解剖后脱层处析出物粘手。如图 11-9 所示。

原因：轮胎在制造过程中，部件间存在水、汽油、灰尘等杂质，造成部件间粘合力不足；硫化时间不足；制造工艺控制不严格、部件定位精度不足，造成部件移位，当使用时发生应力集中，易造成部件间脱层。

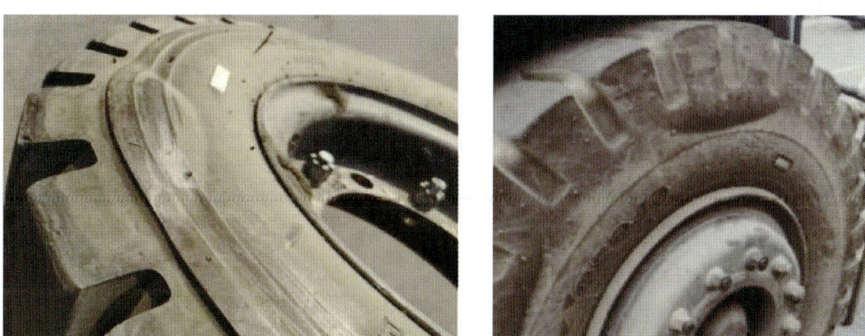

图 11-9

11.3.2　胎肩重皮

特征：在胎肩部位，沿周向出现有一定角度的脱层，脱层表面光滑。如

图 11-10 所示。

原因：胎面胶粘着强度不足或胶料焦烧、混入杂质等。

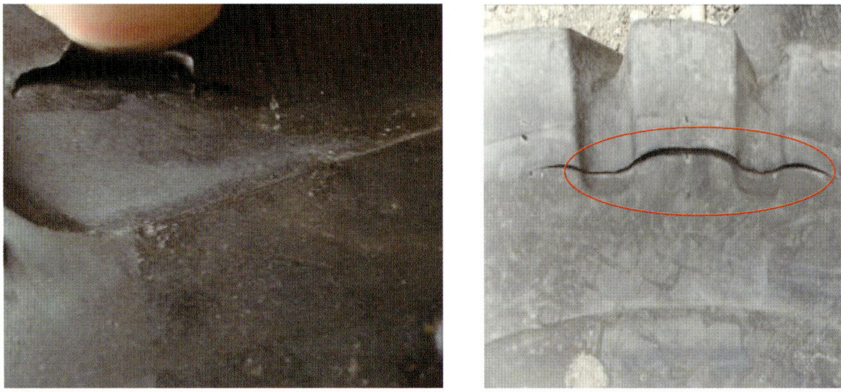

图 11-10

11.4 胎肩：使用不当所致问题

11.4.1 肩部割伤

特征：轮胎肩部被障碍物（尖锐物）割伤或胎肩点受力过大，肩部有明显的撕裂痕迹或局部断裂，没有脱层迹象。如图 11-11 所示。

原因：车辆作业过程中轮胎撞击或挤压障碍物（石块、金属等尖锐物）造成损伤，严重的可能引起胎肩部位割裂爆破。

图 11-11

11.5 胎侧：常见质量问题

11.5.1 胎侧脱层

特征：轮胎使用早期胎侧鼓起，胎侧胶与胎体帘布之间发生脱层，脱层界面光滑。如图 11-12 所示。

原因：在制造过程中，帘布附着力差，部件间残存气泡或进入水、汽油、喷霜、帘布压延覆胶偏薄，成型未压实或夹杂异物。

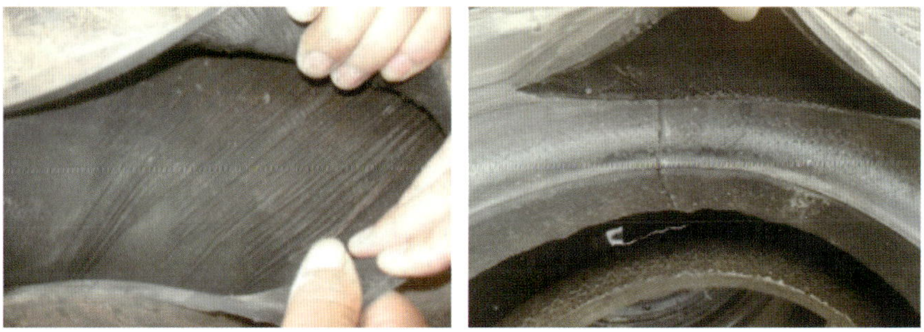

图 11-12

11.5.2 胎侧接头开

特征：在胎侧部位，沿径向发生脱层，脱层有一定角度，表面光滑。如图 11-13 所示。

原因：胎侧接头部位的粘着强度不足，制造过程中，接头表面有水、汽油、灰尘、石蜡等。

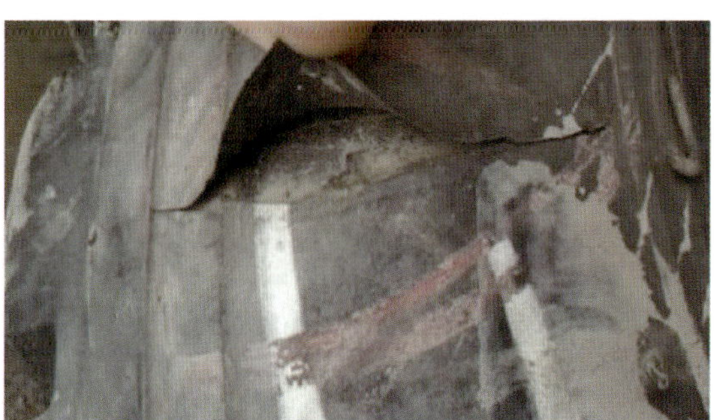

图 11-13

11.5.3 排气孔冒泡

特征：胎圈、胎肩预留的排气孔位置轻微冒泡。如图 11-14 所示。

原因：大型工程斜交轮胎，硫化后一般会在胎圈、胎肩位置预留排气孔，目的是让胎体层间残留的气体有一个排出通道。使用时排气孔会轻微排气，喷水查漏时冒泡属正常现象。

当轮胎 / 轮辋总成需要频繁补气时，应立即找到其他漏点并排除，避免长期在低胎压下运行，否则下沉量过大会导致轮胎骨架材料碾伤、折断，最终导致轮胎内腔高压气体从排气孔急速排出，造成真正的漏气。

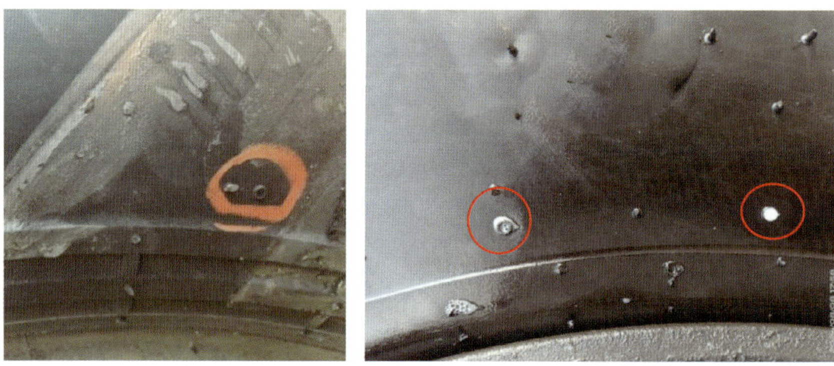

图 11-14

11.6 胎侧：使用不当所致问题

11.6.1 胎侧划伤

特征：胎侧有明显硬伤痕迹。如图 11-15 所示。

原因：轮胎胎侧擦碰到尖锐物。

11.6.2 胎侧生热脱层

特征：实心轮胎在使用过程中，胎侧部周向凸起，表现形式上有一定差别，严重的周向裂口脱层。由于不同品牌结构上的差异，发生部位有所不同，表现形式也有所不同。如图 11-16 所示。

原因：轮胎在使用过程中，受使用条件的影响，如严重超载、车速过快、轮

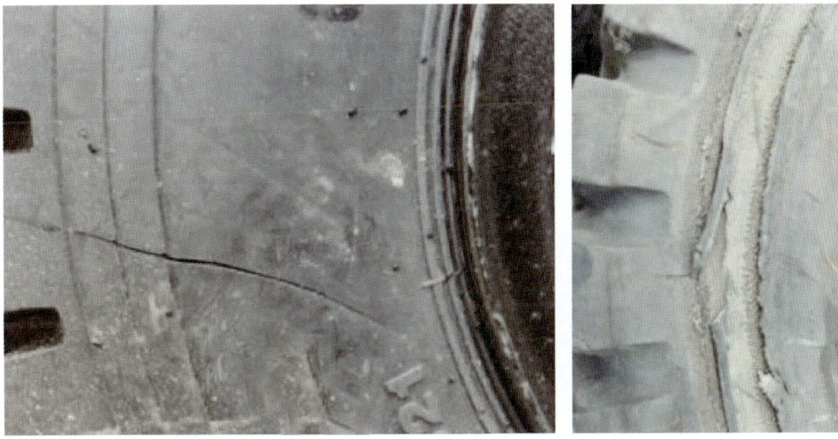

图 11-15

图 11-16

辋与轮胎组合不正确（产生摩擦），造成轮胎内部局部生热、温度过高，橡胶或尼龙填充物理性质发生变化，粘合强度变低，在应力作用下发生的脱层。

11.7　胎圈：常见质量问题

11.7.1　胎圈脱层

特征：实心轮胎胎圈和胎体剥离、脱落，剥离面平整，橡胶没有生热迹象，胎圈钢丝裸露或者松散。如图 11-17 所示。

原因：部件未压实、胶料受到污染、喷霜等。

图 11-17

11.7.2 胎圈钢丝刺出

特征：轮胎使用早期，一根或多根钢丝从胎圈附近刺出。如图 11-18 所示。

原因：半成品钢丝覆胶不足；在硫化过程中，因为胶料流动挤压造成钢丝松散。

图 11-18

11.8　胎圈：使用不当所致问题

11.8.1　胎圈压装损伤

特征：实心轮胎圈内壁出现周向裂口，裂口处可见明显机械性损伤，损坏位置橡胶凸起。如图 11-19 所示。

原因：压装轮辋时未在轮辋上放置导向环，直接将轮胎放置在轮辋上，压装过程轮胎出现偏歪，继续下压导致轮辋边缘一侧切入胎圈内壁引起胎圈损坏。

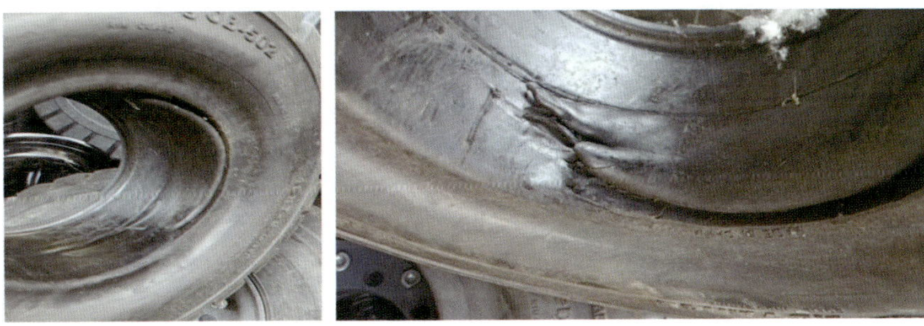

图 11-19

11.8.2　胎圈磨出胶条

特征：胎圈与轮辋结合处磨出细小胶条。如图 11-20 所示。

图 11-20

原因：轮辋与胎圈发生轻微位移，橡胶生热后与轮辋搓揉出细小胶条。这属于实心轮胎使用过程中的正常现象。

11.8.3 另配式实心胎脱圈

特征：轮胎与轮辋发生径向位移，严重时胎圈脱离轮辋。如图 11-21 所示。

原因：实心轮胎胎圈在压装时未完全压入轮辋锁槽。

图 11-21

11.8.4 胎圈生热脱层

特征：实心轮胎胎圈和胎体剥离、脱落，胎圈表面橡胶因为生热而发脆、发硬，剥离面橡胶因为生热发软、发黏。如图 11-22 所示。

原因：作业距离、速度、载荷严重超过实心轮胎的规定范围，导致内部生热无法及时消散，造成胎圈与胎体剥离、脱落。

图 11-22

第12章
轮胎配件问题案例分析

12.1 内胎：常见质量问题

12.1.1 砂眼

特征：充气检验或使用过程中出现明显漏气，漏气点为细小孔洞（为多边形、不规则的砂状孔，有别于外力刺穿）。如图 12-1 所示。

原因：胶料混炼过程中，混入杂质，未充分滤出；过滤后的胶料落地污染，或以其他方式带入杂质。

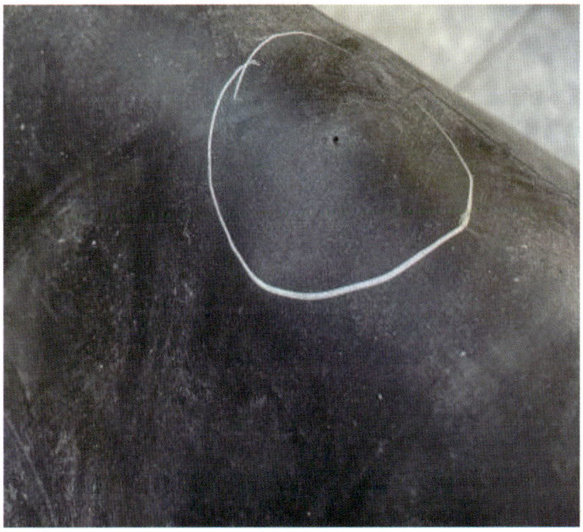

图 12-1

12.1.2　接头内裂

特征：外部接头部位有明显凹痕，用手能摸到接头部位凹痕。如图 12-2 所示。

原因：胎筒接头时，接口错位；对接压力或对接时间不足；胎筒内部粘连；胎筒切口部位被污染，有效对接面积变小。

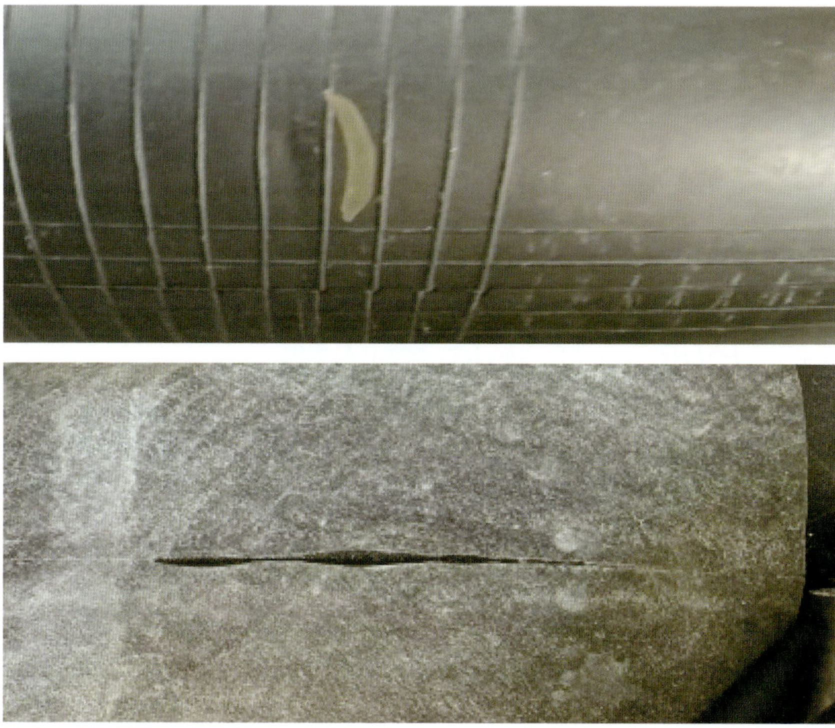

图 12-2

12.1.3　局薄

特征：胎身局部厚度低于设计标准，充气后有明显直径变大或鼓包现象。如图 12-3 所示。

原因：口型设计不当，胎筒挤出时传送带速度不均匀造成胎筒拉拽，致使胎身胶料不均匀。

12.1.4　胎身打折

特征：胎身有横向或纵向褶皱的现象。如图 12-4 所示。

原因：胎筒尺寸设计不当，胎筒定型不合理，造成打折。

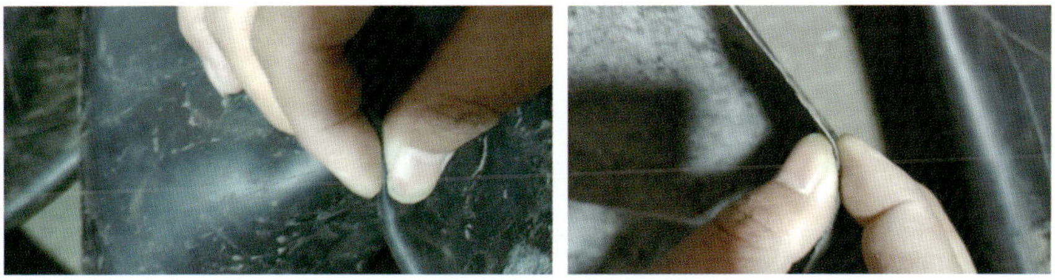

图 12-3

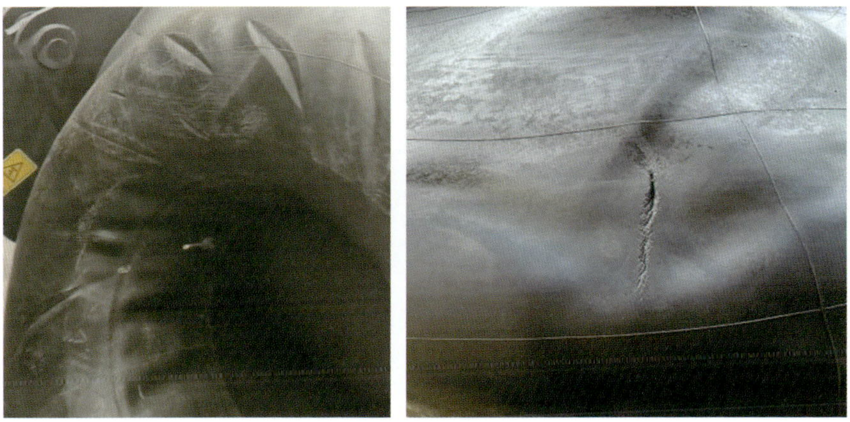

图 12-4

12.1.5　模具大边

特征：胎身出现多余胶边，不平整。如图 12-5 所示。

原因：模具模口变形；模具合模错位；合模压力偏小。

图 12-5

12.1.6 气门嘴根部打折

特征：气门嘴根部明显褶皱，外表面不平整。如图 12-6 所示。

原因：内胎硫化时操作不当，气门嘴处未伸展开。

图 12-6

12.1.7 气门嘴根部漏气

特征：气门嘴胶垫处有明显张口或存在隐性张口的现象。如图 12-7 所示。

原因：气门嘴胶垫贴合压力过小；气门嘴胶垫贴合处胶浆未干就进行硫化。

图 12-7

12.1.8　胎身龟裂

特征：胎身有密集型细微裂口。如图 12-8 所示。

原因：内胎贮存不当，长时间在高温下暴晒，加上受紫外线与臭氧作用，造成橡胶间大分子链断裂，出现胎身炸纹老化现象；防护体系设计较为薄弱；内胎中再生胶含量较多。

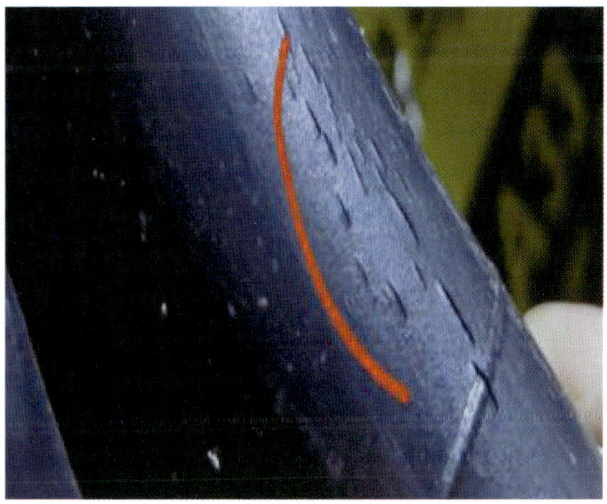

图 12-8

12.2　内胎：使用不当所致问题

12.2.1　划伤

特征：胎身有整齐的切口、划痕。如图 12-9 所示。

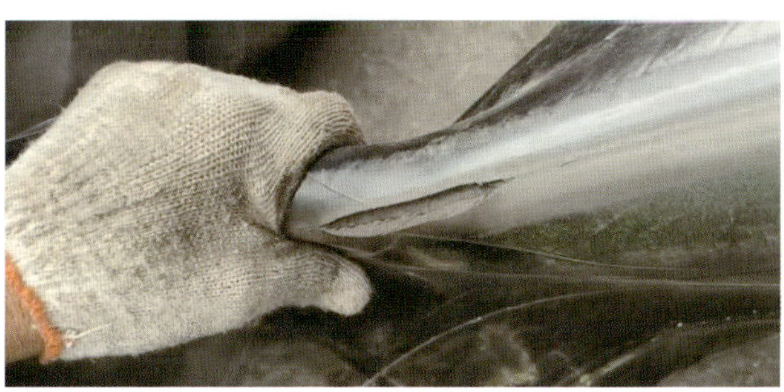

图 12-9

原因：搬运或存储过程中内胎被划伤；安装不当造成划伤。

12.2.2　气门嘴根部折断

特征：气门嘴根部损伤，或折弯损坏。如图 12-10 所示。
原因：搬运、存储或安装使用过程中气门嘴受到外力损坏。

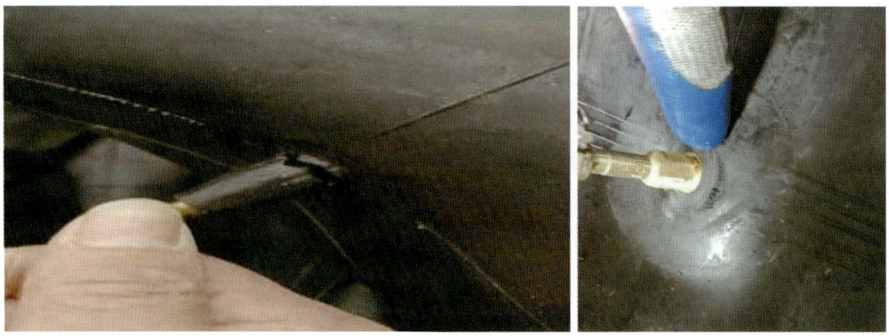

图 12-10

12.2.3　撬伤

特征：胎身有明显三角状伤痕。如图 12-11 所示。
原因：安装时操作不当。

图 12-11

12.2.4　垫带夹伤

特征：内胎上，靠近垫带边缘部位有周向裂口。如图 12-12 所示。

原因：垫带厚边或安装时发生偏移。

12.2.5　扎伤爆破

特征：内胎呈不规则、扩散性炸裂。如图 12-13 所示。

原因：内胎使用时被尖锐物体刺破。

图 12-12

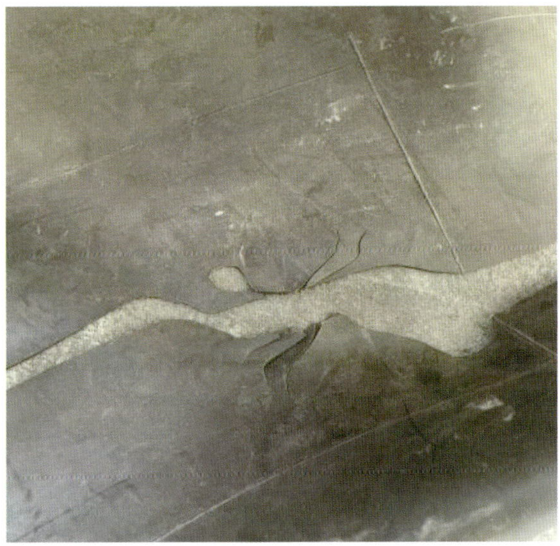

图 12-13

12.2.6　气门嘴处挤伤

特征：内胎气门嘴部位有挤压式伤口。如图 12-14 所示。

原因：垫带防护板短；垫带防护板装歪。

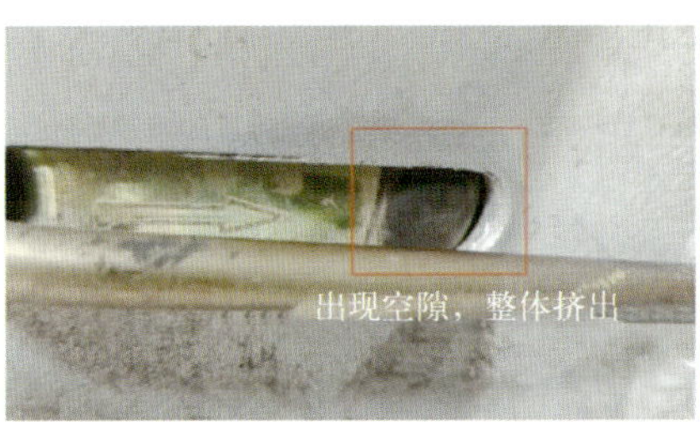

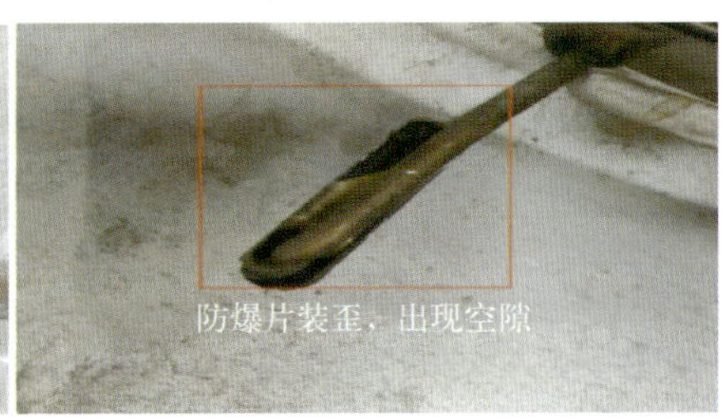

图 12-14

12.2.7 气门嘴漏气

特征：内胎在气门嘴处出现漏气现象。如图 12-15 所示。

原因：气门针安装过紧或安装不到位；或气门针质量不合格。

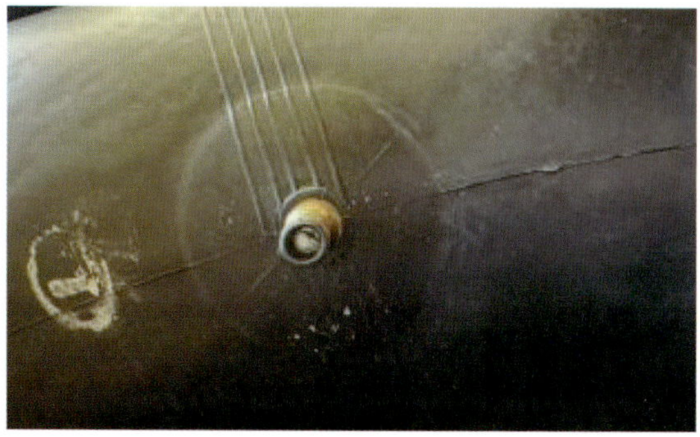

图 12-15

12.3 垫带：常见质量问题

12.3.1 欠硫

特征：垫带表面橡胶粘结聚集。如图 12-16 所示。

原因：硫化操作不当或设备工作不良；胶料原因造成的硫化不足。

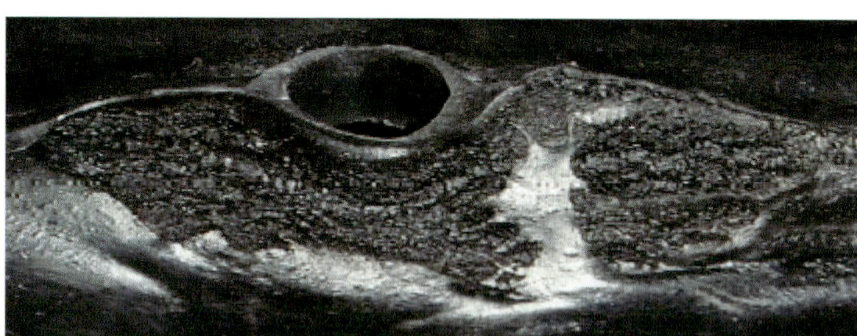

图 12-16

12.3.2 缺胶

特征：垫带边缘厚度大或者形状异常。如图 12-17 所示。

原因： 胶量不足或入模不良等原因造成垫带形状异常。

图 12-17

12.3.3　气泡

特征： 表面气泡，指压时有反弹感觉。如图 12-18 所示。
原因： 胶料内部有空气进入。

图 12-18

12.4　垫带：使用不当所致问题

12.4.1　垫带气门嘴部位裂口

特征： 气门嘴部位橡胶聚集裂口。如图 12-19 所示。
原因： 垫带气门嘴处无铜片或帘布补强，使用过程中被轮辋气门槽挤破。

图 12-19

12.4.2　垫带边部打折

特征： 垫带边部出现褶皱情况，有明显折痕。如图 12-20 所示。

原因： 储运过程堆积或者装配不平整，造成边部折皱。

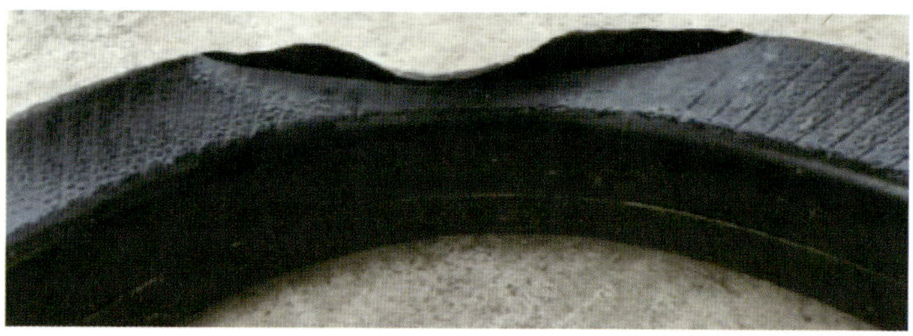

图 12-20

12.4.3　垫带过渡弧裂口

特征： 垫带过渡弧周向裂口（垫带过渡弧是垫带中间位置与两侧边部过渡的区域。这个弧形设计主要起到衔接和过渡的作用，使垫带能更好地贴合轮辋和轮胎的相邻部分，从而保证垫带在安装后的稳定性，并且能有效分散应力，避免垫带局部受损）。如图 12-21 所示。

原因： 轮辋压条过宽，轮胎子口宽体不能覆盖，导致轮辋压条跟垫带过渡弧直接接触，摩擦造成垫带过渡弧开裂；轮辋变形或损伤，使用过程中割伤垫带过渡弧；刹车过多导致轮辋温度过高，烫伤垫带裂口。

12.4.4　垫带龟裂

特征： 垫带表面出现密集小裂口。如图 12-22 所示。

原因： 未按照要求在阴凉处保存，长期暴露在阳光下，热氧老化导致龟裂。

图 12-21

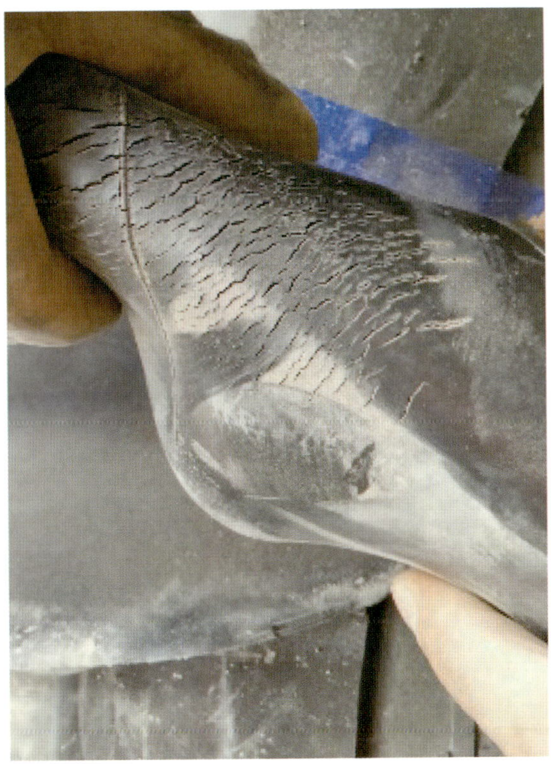

图 12-22

12.4.5　垫带表面损伤

特征：垫带局部出现不规则裂口，表面有硌伤痕迹。如图 12-23 所示。

原因：垫带在贮存、搬运或者安装过程中，与地面石块等物体发生摩擦刺扎，导致裂口。

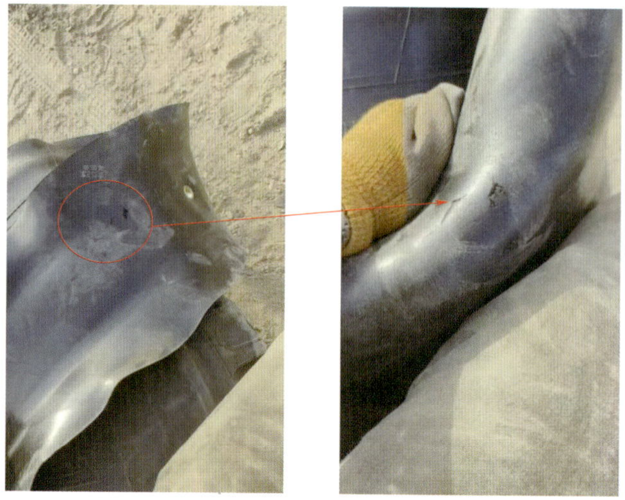

图 12-23

12.4.6 垫带毛边

特征：垫带边缘出现锯齿状裂口。如图 12-24 所示。

原因：轮胎缺气状态下行驶，垫带与内胎、轮胎摩擦挤压出现裂口。

图 12-24

12.5　O 形密封圈：常见质量问题

12.5.1　密封圈变形

特征：密封圈多处严重变形，甚至挤压后出现胶黏痕迹。如图 12-25 所示。

原因：密封圈强度或者硬度未达到标准，挤压后易变形；在使用过程中，高气压顶出密封圈导致。

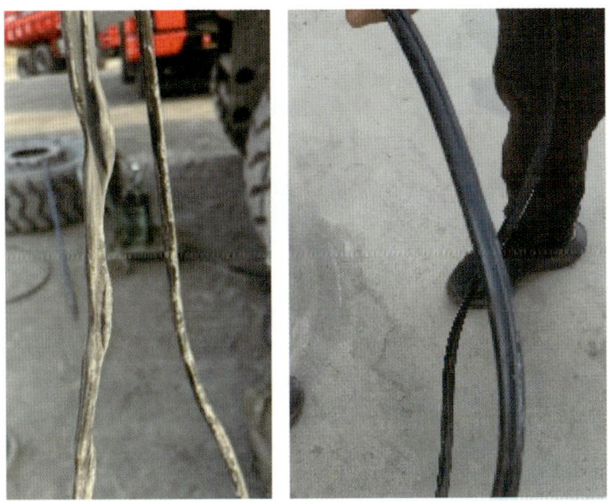

图 12-25

12.5.2　密封圈凸起

特征：密封圈从卡环处鼓起。如图 12-26 所示。

原因：密封圈长度或者直径设计不合适，导致密封圈挤出；安装密封圈未按照规定涂抹润滑脂或者安装偏歪，受力不匀，导致从卡环处鼓起。

图 12-26

12.6 轮辋：使用不当所致问题

12.6.1 气门嘴变形

特征：气门嘴圆孔出现偏歪，呈现椭圆状。如图 12-27 所示。

原因：气门嘴安装或者充气过程中，螺帽未对准，强力扭动导致。

图 12-27

12.6.2 气门槽偏歪

特征：气门杆孔位与气门槽不共线。如图 12-28 所示。

原因：气门槽定位不规范，未准确牢固定位。

图 12-28

12.6.3　橡胶垫偏歪

特征：橡胶垫在气门嘴孔出现偏歪，未在中间位置。如图 12-29 所示。

原因：充气过程中，上下掰动气门嘴，导致橡胶垫偏歪。

图 12-29

12.6.4　轮辋大边变形

特征：轮辋大边边缘部位出现上下或者左右方向的变形。如图 12-30 所示。

原因：轮辋受撞击或严重超载。

图 12-30

特征：轮辋大边底部变形开裂。如图 12-31 所示。

原因：轮辋受撞击或严重超载。

图 12-31

12.6.5 幅板开裂

特征：螺丝孔处开裂或者幅板底部断裂。如图 12-32 所示。

原因：因螺母未拧紧而产生的螺孔与螺孔之间的开裂；严重超载。

图 12-32